JN260684

電気エネルギー応用工学

森本 雅之 著

森北出版株式会社

●本書のサポート情報を当社Webサイトに掲載する場合があります．下記のURLにアクセスし，サポートの案内をご覧ください．

https://www.morikita.co.jp/support/

●本書の内容に関するご質問は，森北出版 出版部「(書名を明記)」係宛に書面にて，もしくは下記のe-mailアドレスまでお願いします．なお，電話でのご質問には応じかねますので，あらかじめご了承ください．

editor@morikita.co.jp

●本書により得られた情報の使用から生じるいかなる損害についても，当社および本書の著者は責任を負わないものとします．

■本書に記載している製品名，商標および登録商標は，各権利者に帰属します．

■本書を無断で複写複製（電子化を含む）することは，著作権法上での例外を除き，禁じられています．複写される場合は，そのつど事前に(一社)出版者著作権管理機構（電話03-5244-5088，FAX03-5244-5089，e-mail：info@jcopy.or.jp）の許諾を得てください．また本書を代行業者等の第三者に依頼してスキャンやデジタル化することは，たとえ個人や家庭内での利用であっても一切認められておりません．

はじめに

　われわれの生活は電気エネルギーなしでは成り立たない．生活ばかりでなく，ものづくりも，社会のインフラも電気エネルギーを利用することによって維持できている．近年ではパワーエレクトロニクスによって電気エネルギーを制御することが一般的になっている．そのため電気エネルギーの利用の仕方も従来から大きく変化している．

　電気エネルギーを利用する場合，直接そのまま使うことはあまりない．光や熱のエネルギーに変換したり，モーターを回して運動エネルギーに変換して利用している．本書は，電気エネルギーがどのようにほかのエネルギーに変換されるのか，そしてそれが最終的にどのように利用されるのかを多くの図を用いながらできるだけ平易に述べている．

　かつて電気系の大学のカリキュラムには「電動力応用」，「電熱・照明」，「電気応用」などの電気エネルギー応用科目の講義があった．技術の進歩にともない，電気系の大学生が学ぶべき基礎が増えて多様化し，そのため，応用科目はコンピュータや半導体などの新しい分野の基礎を学ぶ科目に置き換わっていってしまった．本書は従来の流れに沿いながらもパワーエレクトロニクス時代に対応した電気エネルギー応用分野の技術を解説していると考えてもらえばよい．

　また，本書で述べている内容は「電気工事士」「電気主任技術者」「技術士」「エネルギー管理士」などの資格試験に出題される電気応用分野にも関連する．本書の内容が実際の資格試験問題でどのように取り上げられているかを紹介する意味で，各章末に関連する過去問を転載した．各試験は一部に本書の範囲をこえているものも含まれるが，本書を読めばある程度は理解できるはずである．将来これらの資格取得に挑戦しようと考えている人たちは，本書をスタートにさらに専門に向かって勉強を深めてほしい．また，それぞれの問題の詳しい解説・解法についても本書の範囲をこえる場合があるため解答のみ掲載している．詳細解答はそれぞれの対策書などを参照していただきたい．

　本書の内容を参考にして，電気エネルギーを賢く利用できるエンジニアが一人でも増えることを期待している．

2015 年 3 月

著　者

目　次

はじめに …………………………………………………………………………… i

第1章　序　論　　1
1.1　エネルギーの利用 ………………………………………………………… 1
1.2　電気エネルギーとは ……………………………………………………… 2
1.3　エネルギー変換 …………………………………………………………… 3
1.4　エネルギー資源 …………………………………………………………… 4
各種資格試験の出題例 ………………………………………………………… 6

第2章　電気エネルギーの発生と制御　　9
2.1　電気エネルギーの発生 …………………………………………………… 9
2.2　エネルギーの制御 ………………………………………………………… 13
2.3　原　動　機 ………………………………………………………………… 16
各種資格試験の出題例 ………………………………………………………… 16

第3章　電動力の応用　　20
3.1　回転運動の基本 …………………………………………………………… 20
3.2　各種の負荷特性 …………………………………………………………… 22
3.3　モーターの運転点 ………………………………………………………… 24
3.4　始動，加速，減速 ………………………………………………………… 26
3.5　モーターの制動と停止 …………………………………………………… 31
3.6　動　力　伝　達 …………………………………………………………… 33
各種資格試験の出題例 ………………………………………………………… 37

第4章　モータードライブシステム　　41
4.1　モーターの制御 …………………………………………………………… 41
4.2　モータードライブシステム ……………………………………………… 47
4.3　ベクトル制御 ……………………………………………………………… 51
4.4　モータードライブシステムの選定 ……………………………………… 53
各種資格試験の出題例 ………………………………………………………… 58

コラム：ボールねじのしくみ ……………………………………………… 62

第5章　電気化学と電気エネルギーの貯蔵　　　　　　　　　　63

5.1　電気化学の基本 ……………………………………………………… 63
5.2　めっきと電気分解 …………………………………………………… 66
5.3　電　池 ………………………………………………………………… 71
5.4　電　食 ………………………………………………………………… 74
各種資格試験の出題例 ……………………………………………………… 75

第6章　電気加熱　　　　　　　　　　　　　　　　　　　　　　　78

6.1　熱の基本 ……………………………………………………………… 78
6.2　電気加熱の原理と種類 ……………………………………………… 81
6.3　抵抗加熱 ……………………………………………………………… 82
6.4　アーク加熱 …………………………………………………………… 87
6.5　誘導加熱 ……………………………………………………………… 88
6.6　高周波加熱・マイクロ波加熱 ……………………………………… 92
6.7　放射加熱 ……………………………………………………………… 96
6.8　溶　接 ………………………………………………………………… 99
各種資格試験の出題例 ……………………………………………………… 101
コラム：熱も捨てません ………………………………………………… 105

第7章　照　明　　　　　　　　　　　　　　　　　　　　　　　　106

7.1　照明とは ……………………………………………………………… 106
7.2　照明基礎量の定義 …………………………………………………… 107
7.3　照明設計 ……………………………………………………………… 110
7.4　光　源 ………………………………………………………………… 112
7.5　各種照明の比較 ……………………………………………………… 117
各種資格試験の出題例 ……………………………………………………… 118

第8章　冷凍と空調　　　　　　　　　　　　　　　　　　　　　　123

8.1　冷凍サイクル ………………………………………………………… 123
コラム：エンタルピー H とは ………………………………………… 124
8.2　冷　凍 ………………………………………………………………… 125
8.3　空　調 ………………………………………………………………… 128
8.4　エアコン ……………………………………………………………… 131

8.5 ヒートポンプ …………………………………………………………… 134
各種資格試験の出題例 …………………………………………………… 135

第9章　静電エネルギーの利用　　　140

9.1　静電気の基本 ………………………………………………………… 140
9.2　クーロン力の利用 …………………………………………………… 143
9.3　放電エネルギーの利用 ……………………………………………… 147
9.4　放電加工と電子ビーム ……………………………………………… 149
各種資格試験の出題例 …………………………………………………… 152

第10章　エネルギー機械　　　156

10.1　ポ　ン　プ ………………………………………………………… 156
10.2　送風機・圧縮機 …………………………………………………… 159
10.3　油圧と空気圧 ……………………………………………………… 165
10.4　超　音　波 ………………………………………………………… 169
各種資格試験の出題例 …………………………………………………… 171

第11章　分散型電源　　　175

11.1　太陽光発電 ………………………………………………………… 175
11.2　風　力　発　電 …………………………………………………… 181
11.3　燃料電池発電 ……………………………………………………… 187
11.4　系統連系とスマートグリッド …………………………………… 191
各種資格試験の出題例 …………………………………………………… 196

おわりに ………………………………………………………………………… 200
章末問題の解答と出典 ………………………………………………………… 201
さくいん ………………………………………………………………………… 205

# 序　論

　私たちは電気エネルギーをいつも利用している．しかし，電気エネルギーをそのまま直接利用することはほとんどない．通常は電気エネルギーをほかのエネルギーに変換して利用している．本章では電気エネルギーをはじめとする各種のエネルギーに関して述べる．

1.1　エネルギーの利用

　私たちの文明はエネルギーをいかに利用するかを工夫して発達してきた．熱エネルギーを利用することから始まり，車輪の発明によって小さいエネルギーで大きく重いものを運搬できるようになった．やがて，蒸気の力を利用して大きな力を連続して発生させることができるようになった．これが蒸気機関である．蒸気機関やエンジンは熱エネルギーを運動エネルギー（機械力）に変換して動力を得ている．さらに発電機が発明されることによって運動エネルギーを電気エネルギーに変換できるようになった．

　現在の私たちの生活は電気エネルギーを利用することで成り立っている．図1.1にわが国の電力の利用概況を示す．発電量の半分以上は最終的にモーターに使われている．モーターの出力で機械を駆動し，その機械によってさまざまな形態のエネルギーを作り出し，利用している．2番目に多いのは照明への利用である．これが約15%を占めている．文明とは夜の明るさであるといわれることもあるように，照明は大きな割合を占めている．それに次いで電熱が約10%に達している．電熱というと暖房や調理のイメージをもつかもしれないが，実際には産業用の熱源としての利用が多い．このように電気エネルギーの利用は現代の社会を営んでゆくために欠かせないものである．

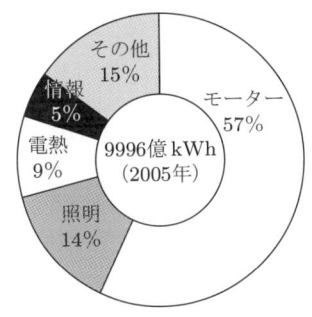

図1.1　わが国での電力利用の形態

なお，電気エネルギーを直接そのまま電気として利用することはそれほど多くない．しかし，静電気や放電という形で直接利用する例もある．これについても本文で述べてゆく．

1.2 電気エネルギーとは

まず，エネルギーとは何かについて説明する．エネルギーとは熱量および仕事量と等価な物理量である．通常，エネルギーの単位はジュール [J] であるが，工学的にはワット秒 [Ws] もエネルギーの単位として使用している．ジュールとワット秒は等しい．1 J=1 Ws である．このほかに，慣用的にカロリー [cal] も使われている．これらのエネルギーの単位についての解説を表 1.1 に示す．

表 1.1 エネルギーの単位

単位	使用分野	定義
J	運動する物体のもつエネルギーの単位	1 J とは 1 N の力で物体を 1 m 動かすのに必要な仕事量．
Ws	電気的に発生させるエネルギーの単位	1 Ws とは 1 V, 1 A の電気が 1 秒間にする仕事量．
cal	水の温度変化を基準にした熱量の単位	1 cal とは水 1 g を 1℃ 温度上昇させるのに必要な熱量．なお 1 cal ≒ 4.2 J である．

電気エネルギーは多くの場合，ほかのエネルギーに変換して間接利用される．間接利用とは，次に示す電流の三つの作用によるものである．(1) 電流の磁気作用，(2) 電流の熱作用，そして，(3) 電流の化学作用である．

電流の磁気作用とは，電流を流すと周囲に磁界ができることを利用する．電流の周囲にできる磁界を図 1.2 に示す．磁界の強さ H は，その位置から電流 I までの距離 r に反比例する．

$$H = \frac{I}{2\pi r}$$

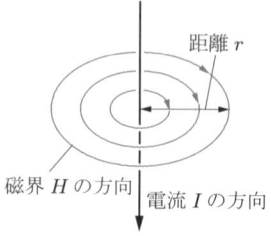

図 1.2 電流の周囲にできる磁界

電流を流すということは電気エネルギーを供給することであるが，その結果，磁界ができるということは電気エネルギーを磁気エネルギーに変換していることになる．この磁気エネルギーをさらに電磁力に変換することによりモーターの出力を回転という力学的エネルギーに変換して利用することができる．

電流の熱作用とは抵抗に電流を流したときに熱が発生することである．電流 I [A] が抵抗 R [Ω] に流れたときに生じる電力 P [W] は

$$P = rI^2 \quad [\text{W}]$$

である．この電流が t 秒間流れたとき，電気エネルギー U [J=Ws] は次のように表される．

$$U = rI^2 t \quad [\text{J}]$$

この作用により電気エネルギーは熱エネルギーに変換される．

電流の化学作用とは電流を流すことにより物質を変化させることである．水に電流を流すと水が電気分解して酸素と水素が発生する．

$$H_2O \begin{cases} \rightarrow H_2 \\ \rightarrow \frac{1}{2} O_2 \end{cases}$$

これは電流を流すことにより，電気エネルギーを水素と酸素のもつ化学エネルギーに変換していることになる．それにより水素の化学エネルギーを燃焼などにより利用することができる．バッテリに電力を貯蔵したり，金属をメッキしたりするのはこのような電流の化学作用を利用している．

このように電流の三つの作用により電気エネルギーを間接利用することができる．間接利用されたエネルギーをさらに別の形に変換することもある．たとえばモーターでポンプを回して水をくみ上げるのは最終的には電気エネルギーを水の位置エネルギーに変換していることになる．なお，電気エネルギーを直接利用する場合，電子のもつエネルギーを直接利用していると考えてよい．

1.3 エネルギー変換

電気エネルギーを得るためには，ほかのエネルギーを電気エネルギーに変換する必要がある．これを発電という．一般的には発電機を使う．発電機により電気エネルギーを得るためにはまず，石油，原子力，風力などの自然エネルギーを発電機を回すための運動エネルギーに変換する必要がある．自然エネルギーを回転運動などの運動エネ

ルギーに変換するものを原動機とよぶ．エンジン，タービン，水車，蒸気機関などはみな原動機である．原動機により得られた回転運動を発電機により電気エネルギーに変換し，電力として利用するのである．各種のエネルギー変換の関係を図 1.3 に示す．

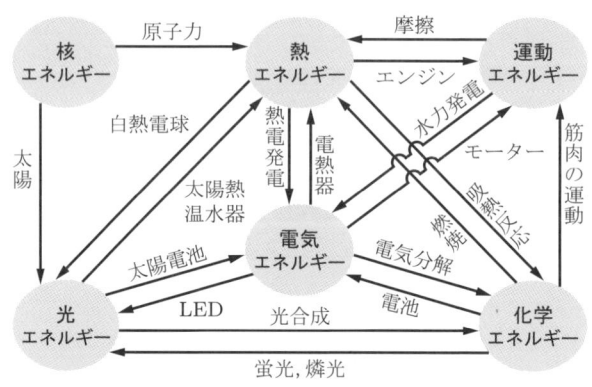

図 1.3　エネルギー相互の変換

電気エネルギーを作り出す発電のためのエネルギー変換の多くは熱エネルギーを介して行われる．熱エネルギーを介さない発電には水力発電や太陽電池がある．一方，電気エネルギーを利用する場合は熱エネルギーを介さずに直接，光や化学エネルギーなどほかのエネルギーに変換するものも多い．

この図において蛍の発光や筋肉運動などで示した生物の化学エネルギーの利用はまだ工業的段階にいたっていないが，今後考えるべきエネルギー変換分野であるといえる．

1.4　エネルギー資源

エネルギー資源とは，ほかの形態のエネルギーに変換できるエネルギーである．エネルギー資源のうち，自然界に存在するものを一次エネルギーとよぶ．石油，石炭，水力などが一次エネルギーである．これに対し，二次エネルギーというのは一次エネルギーを利用しやすい形態に変換したものを指す．燃料，電力，水素などが二次エネルギーである．本書は二次エネルギーである電力（電気エネルギー）の利用について述べているが，ここではその源である一次エネルギーについて述べる．

一次エネルギーは自然界に存在するものを指している．自然界に存在するエネルギーは再生可能エネルギーと枯渇性エネルギーに分類される．再生可能エネルギーは循環エネルギーともよばれ，繰り返し使用できるエネルギーである．一方，枯渇性エネルギーは非循環エネルギーともよばれ，使用するとエネルギー資源が減少し，やがて枯渇する可能性のあるものである．

枯渇性エネルギーの代表的なものは化石燃料である．石油，石炭，天然ガスなどがこれに当たる．燃焼により熱エネルギーに変換して利用する．そのため，燃焼によって発生する二酸化炭素の増加の点でも問題が提起されている．化石燃料は埋蔵量が有限であり，それぞれの資源で可採年数（確認埋蔵量/年間生産量）が計算されている．原子力発電に用いる原子核燃料は核分裂反応のためのウランである．ウランの可採年数は長いがやはり枯渇性の資源である．また，将来の発電方式として考えられている核融合では原料として重水素を用いる．これは海水中にほぼ無尽蔵に存在するので枯渇性資源ではあるが可採年数を求めることができない．表 1.2 におもな枯渇性エネルギーの可採年数を示す．

表 1.2 枯渇性エネルギーの可採年数（エネルギー白書 2013）

種類	可採年数	備考
石油	54.2 年	埋蔵量の半分は中東．
石炭	112 年	アメリカ，ロシア，中国など広く世界に分布．
天然ガス	64 年	埋蔵量の 1/3 は中東，欧州ロシア合計で 1/3．
ウラン	100 年以上	陸上ウランの 1000 倍の量が海水ウランの形で存在．
重水素	ほぼ無尽蔵	海水中にほぼ無尽蔵に存在する．

再生可能エネルギー源は資源，地球温暖化などの点で近年脚光を浴びているエネルギー源である．太陽光，風力などの太陽を起源とするエネルギーと地熱などの地球起源のもの，およびバイオマスなどのその他のエネルギー資源がある．代表的な再生可能エネルギー源を表 1.3 に示す．

再生可能エネルギーで古くから利用されているのは水力エネルギーである．水力発

表 1.3 代表的な再生可能エネルギー

種類	資源量 原理など	備考
太陽エネルギー	1.8×10^{17} kW が地球に入射している．地表面では 1.4 kW/m^2 である．	世界全体（IEA 諸国）で約 6,400 万 kW (2011 年)．
風力エネルギー	大気圏内の風力エネルギーは 10^{10} kW といわれる．	世界全体で 2 億 8,248 万 kW (2012 年)．中国が最も多い．
海洋エネルギー	潮流（運動エネルギー） 干満（位置エネルギー） 深海との温度差（熱エネルギー）	
地熱エネルギー	地熱発電 高温岩体発電	全世界で 1071 万 kW (2010 年)．マントル温度は 6000K．
水力エネルギー	位置エネルギーを利用．	全世界で 9 億 6,338 万 kW (2010 年)．世界の総発電設備の約 2 割．
バイオマス	光合成により CO_2 を吸収して成長する植物などの生物体（バイオマス）を燃料とした発電．	世界全体で一次エネルギー総供給の約 10%（2010 年）．薪，炭も含む．

電は川の水の位置エネルギーを利用している．また，太陽エネルギーは膨大であり，地表面では $1.4\,\mathrm{kW/m^2}$ に達する．近年では風力の利用も増加している．また $6000\,\mathrm{K}$ にも達するマントル温度を利用する地熱発電も期待されている．

われわれは電気エネルギーを利用して社会を営み，生活している．そして，エネルギー保存の法則に基づいて有限のエネルギーを変換して利用しているだけである．少しでも上手に限りあるエネルギーを利用したいものである．

各種資格試験の出題例

本章に関する内容は，以下のようにさまざまな資格試験で取り上げられている．問題によっては，本書の内容をこえるものがあるが，本書の説明でもある程度は理解できるはずである．ぜひ本書をスタートにそれぞれの専門書等で勉強を深めこれらの資格に挑戦してほしい．解答と出典は巻末を参照のこと．

1.1　図のような単相2線式配電線路で，電源電圧は $104\,[\mathrm{V}]$，電線1線当たりの抵抗は $0.20\,[\Omega]$ である．スイッチSを閉じると，抵抗負荷の両端の電圧は $100\,[\mathrm{V}]$ になった．この負荷を10分間使用した場合，負荷に供給されるエネルギー $[\mathrm{kJ}]$ は．ただし，電源電圧は一定とする．

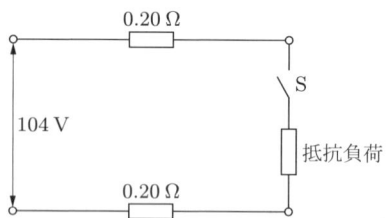

イ．24　ロ．600　ハ．1000　ニ．1200

（第一種電気工事士　筆記試験）

1.2　消費電力量 $1\,[\mathrm{kW\cdot h}]$ 当たりの円板の回転数が1500回転の電力量計を用いて，負荷の電力量を測定している．円板が10回転するのに12秒かかった．このときの負荷の平均消費電力 $[\mathrm{kW}]$ は．

イ．1　ロ．2　ハ．3　ニ．4

（第一種電気工事士　筆記試験）

1.3　バイオマス発電は，植物等の ア 性資源を用いた発電と定義することができる．森林樹木，サトウキビ等はバイオマス発電用のエネルギー作物として使用でき，その作物に吸収される イ 量と発電時の イ 発生量を同じとすることができれば，環境に負担をかけないエネルギー源となる．ただ，現在のバイオマス発電では，発電事業として成立させるためのエネルギー作物等の ウ 確保の問

題や ｜ エ ｜ をエネルギーとして消費することによる作物価格への影響が課題となりつつある．

上記の記述中の空白箇所ア，イ，ウ及びエに当てはまる語句として，正しいものを組み合わせたのは次のうちどれか．

	ア	イ	ウ	エ
(1)	無機	二酸化炭素	量的	食料
(2)	無機	窒素化合物	量的	肥料
(3)	有機	窒素化合物	質的	肥料
(4)	有機	二酸化炭素	質的	肥料
(5)	有機	二酸化炭素	量的	食料

(第三種電気主任技術者　電力科目)

1.4　次の各文章および表の ｜　　　｜ の中に入れるべき最も適切な字句又は数値をそれぞれの解答群から選び，その記号を答えよ．なお，同じ記号を2回以上使用してもよい．

(1) 国際単位系（SI）では，幾つかの基本量とその単位（基本単位）を定義し，その他のすべての量（組立量）を基本単位の組み合わせ（組立単位）で表している．ただし，組立単位には，基本単位の組合せだけでなく，[Pa] や [Ω] など固有の名称を持つものも用いられている．

次の表はエネルギー管理に係る幾つかの，組立量と組立単位の対応を表したものである．

組立量	組立単位
圧力	[Pa]
｜ 1 ｜	[C]
｜ 2 ｜	[J/K]
｜ 3 ｜	[W/(m·K)]
｜ 4 ｜	[lx]

(｜ 1 ｜ ～ ｜ 4 ｜ の解答群)

ア	エネルギー強度	イ	エントロピー	ウ	セルシウス温度
エ	仕事率	オ	熱通過率	カ	熱伝達率
キ	熱伝導率	ク	光度	ケ	照度
コ	輝度	サ	静電容量	シ	電荷

(エネルギー管理士　電気分野)

(2) 地表付近の大気に含まれる主な成分の中で，波長 0.5～10 μm の熱放射を吸収する性質を持つ物質には，｜ 5 ｜，二酸化炭素，メタン，一酸化二窒素，オゾンなどがあり，これらは ｜ 6 ｜ と呼ばれている．

(｜ 5 ｜ 及び ｜ 6 ｜ の解答群)

| ア | 一酸化炭素 | イ | 二酸化窒素 | ウ | 水蒸気 |
| エ | 希ガス | オ | 遮断性ガス | カ | 温室効果ガス |

(エネルギー管理士（電気分野))

(3) エネルギー資源に乏しい我が国は一次エネルギーのほとんどを輸入に依存している．2003年の一次エネルギー総供給量は，原油換算で約 [7] キロリットルであるが，原子力を国産エネルギーに含めた場合でも一次エネルギーの自給率は [8] [%] でしかない．

([7] 及び [8] の解答群)

 ア　6 イ　16 ウ　26 エ　3千万 オ　6千万
 カ　3億 キ　6億

(エネルギー管理士（電気分野）)

1.5 電力貯蔵技術に関して，用途，現状および課題を述べよ．

(技術士第二次試験　電気電子部門　電気応用課目)

 # 電気エネルギーの発生と制御

本章では電気エネルギーの発生のための各種の発電方式の概要を述べる．まず，多くの発電に不可欠な原動機について概観した後，エネルギーの制御について述べる．

2.1　電気エネルギーの発生

雷は雲の中で電気が発生する現象だが，電気エネルギーが自然に湧き出すわけではない．雷は大気中の分子などが運動し，摩擦により発生した静電気である．エネルギーの大原則はエネルギー保存の法則である．エネルギーは何もないところから作り出されるのではなく，あるエネルギーの形態が変換されたものである．電気エネルギー以外のエネルギーを電気エネルギーに変換することを発電という．発電には発電機を使うものと発電機を使わないものがある．

2.1.1　発電機を使用する発電

発電機は電磁誘導を利用して運動エネルギーを電気エネルギーに変換する電気機器である．発電機は基本的に回転型であり，その回転力をどのように得るかにより発電方式が分類される．

（1）火　力　発　電

火力発電は燃料を燃焼させ，燃料の化学エネルギーを熱エネルギーに変換する．熱エネルギーはさらに原動機により回転運動という運動エネルギーに変換され，発電機を駆動して電気エネルギーに変換される．

火力発電は二つの方式に大別される．図 2.1 に示す蒸気タービン方式は燃焼で得た熱を利用してボイラーによって作られた蒸気でタービンを回す．一方，ガスタービン方式は燃焼熱による気体の膨張を利用して燃焼ガスでタービンを回す方式である．

最近使われているコンバインド方式を図 2.2 に示す．この方式はガスタービンで発電機を回し，その廃熱で蒸気を作り，蒸気タービンを回す．したがって燃焼で得られた熱エネルギーが有効利用でき，熱効率が高い．また，ディーゼルエンジンの回転で直接発電機を駆動するディーゼル発電も火力発電の一種である．

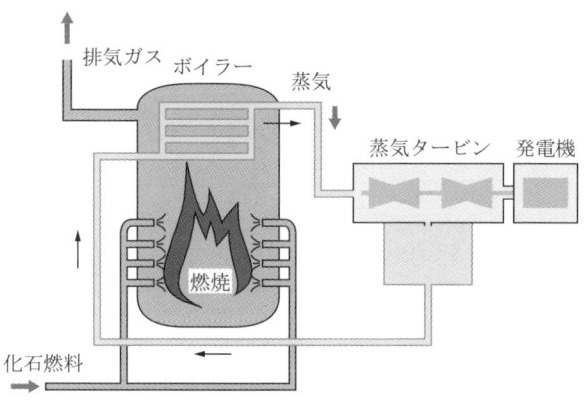

図 2.1　火力発電の原理

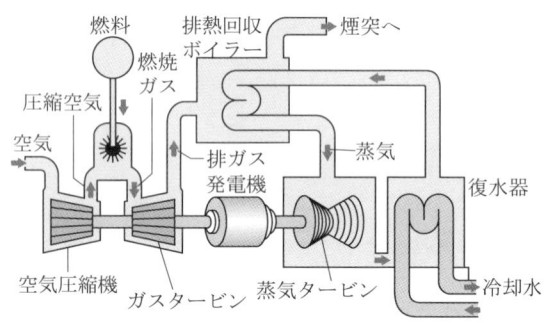

図 2.2　コンバインド発電方式

(2) 原子力発電

　原子力発電は核分裂反応により生じる熱エネルギーを利用する発電方式である．原子炉の熱により蒸気を作り，蒸気タービンにより発電機を駆動する．蒸気の発生方式によって図 2.3 に示すように沸騰水型（BWR）と加圧水型（PWR）に分けられる．沸騰水型は原子炉内部で蒸気を発生させ，その蒸気でタービンを駆動する．加圧水型は原子炉の熱を熱交換して発生させた蒸気でタービンを駆動するものである．

(3) 水 力 発 電

　水力発電は水の位置エネルギーおよび運動エネルギーを利用した発電である．水力により水車を回転させ，運動エネルギーを得る．水力発電の出力 $P\,[\mathrm{kW}]$ は次のように表される．

$$P = 9.8 Q \cdot H \quad [\mathrm{kW}]$$

ここで，$Q\,[\mathrm{m^3/s}]$ は流量，$H\,[\mathrm{m}]$ は落差である．流量は水路に影響され，落差はダム

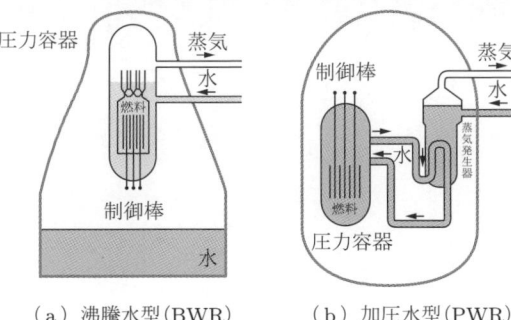

(a) 沸騰水型 (BWR) 　　(b) 加圧水型 (PWR)

図 2.3　原子力発電の原理

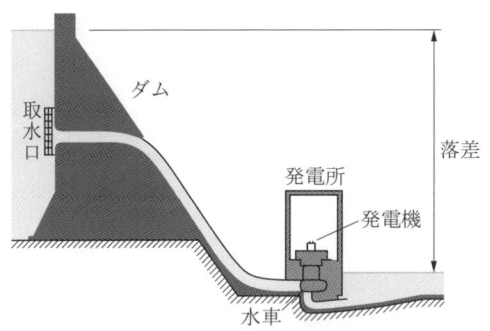

図 2.4　水力発電の原理

により人工的に大きくされる．図 2.4 にダム式水力発電の原理を示す．

(4) 風力発電

風力発電は風の運動エネルギーを利用した発電である．風力を風車（風力タービン）により運動エネルギーに変換する．その運動エネルギーによって発電機を駆動し電気エネルギーに変換する．風力発電の出力 P [kW] は次のように表される．

$$P = \frac{1}{2}\rho A V^3 \quad [\text{kW}]$$

ここで，ρ は空気密度 [kg/m^3]，A は受風面積 [m^2]，V は風速 [m/s] である．出力は風速の 3 乗に比例するので風が強い地域であると有効である．図 2.5 に各種の風車を示す．なお，風力発電については 11 章で詳しく述べる．

(5) 地熱発電

地熱発電は地球の熱を利用する発電である．しくみを図 2.6 に示す．地中に井戸を掘って熱水と蒸気を噴出させる．蒸気のみ利用してタービンを駆動する．熱水は地中にそのまま戻す．この方式はすでに実用化されている．さらに，高温岩体に向けて地

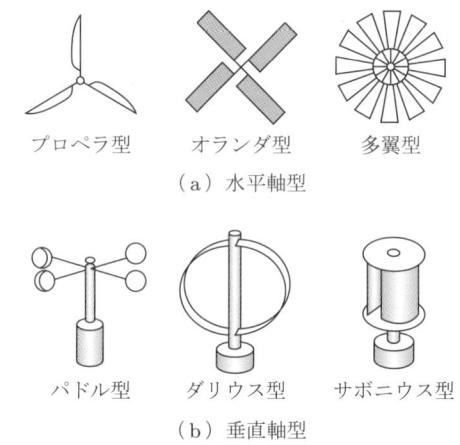

図 2.5　いろいろな風車

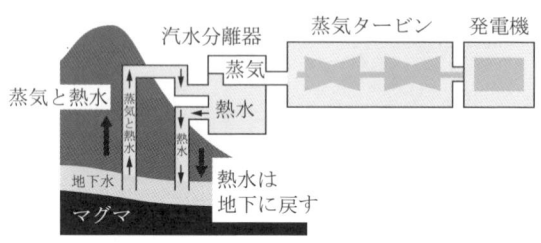

図 2.6　地熱発電の原理

上から水を送り込んで熱を得る高温岩体発電方式も開発されている．

(6) そのほかの方式

　太陽光により水を加熱し蒸気を発生させる太陽熱発電，波による水面の動きを利用した波力発電，潮流発電，潮汐発電，海洋温度差発電など，自然エネルギーを使った発電方式がある．そのほか，液化天然ガス（LNG）の冷熱を利用した冷熱発電，製鉄の高炉の高圧ガスでタービンを回す発電などさまざまな発電方式が考えられ，すでに利用されているものもある．

2.1.2　直接電気エネルギーに変換する発電

　発電機を用いずに，各種のエネルギーを直接電力に変換する発電には以下のようなものがある．なお，燃料電池および太陽光発電は 11 章で詳しく述べる．

(1) 燃料電池

燃料電池発電は燃料を化学反応させ，燃料のもつ化学エネルギーを電気エネルギーとして取り出す．直流電力が得られる．

(2) 太陽光発電

太陽光発電は太陽光エネルギーを太陽電池で直接電力に変換する発電である．得られる直流電力は太陽光の強さにより変動する．

(3) そのほかの方式

圧電素子を使って音や振動のエネルギーを電気エネルギーに変換する振動発電や，熱電変換素子により温度差を利用して発電する熱電発電などの方式が提案，実験されている．

2.2 エネルギーの制御

電気エネルギーを利用するとき，多くは運動，熱，光などのほかの形態のエネルギーに変換して利用する．そのときに必要なのが，電気エネルギーをほかの形態のエネルギーに変換するエネルギー変換機器である．このとき，エネルギーの制御はエネルギー変換機器で直接制御する場合もあるが，多くはエネルギー変換される前の電気エネルギーの段階で制御する．このとき用いるのがパワーエレクトロニクスである．パワーエレクトロニクスの役割を図 2.7 に示す．パワーエレクトロニクスはエネルギー変換機器の出力する光や熱を制御している．

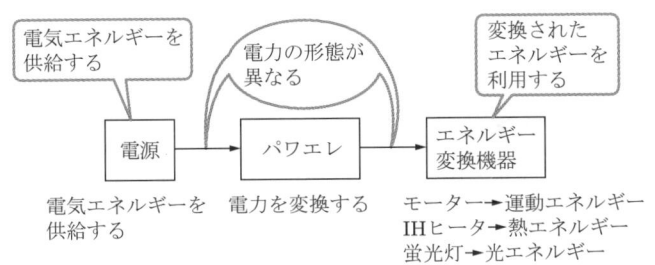

図 2.7　エネルギーの制御

このようなエネルギー制御の例を図 2.8 により説明する．図はファン用のモーターをインバータで制御したときの様子を示している．インバータはパワーエレクトロニクスの代表的な回路であり，直流を交流に変換する回路である．インバータによりモーターに流す電流の周波数や大きさを調節する．それによりファンの回転が変わり，風量が変わる．

このシステムは電気エネルギーを風（空気の流れの量と速さ）という力学的エネル

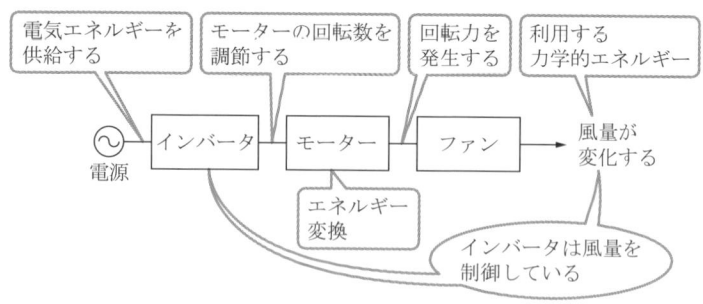

図 2.8 エネルギーの変換と制御

ギーに変換するエネルギー変換システムと考えることができる．モーターは電気エネルギーをファンの回転力に変換するエネルギー変換を行う．インバータはモーターを制御し，回転数を調節する．インバータはモーターの状態に応じてふさわしい電圧，周波数などの形態の電気エネルギーを供給する．そのふさわしい状態とは何かというと風の状態である．電気エネルギーを風として利用するときに，望ましい風が得られるようにインバータは制御されている．すなわち，インバータで風というエネルギーを制御しているのである．

蛍光灯をインバータで駆動する場合にはインバータにより光の量を調節するので，光エネルギーを制御していることになる．IHヒーターの場合は加熱状態を調節するので熱エネルギーを制御しているといえる．

パワーエレクトロニクスは電力を変換，制御する技術である．電力変換とは電力の形態を変更することである．電力の形態の例を表 2.1 に示す．パワーエレクトロニクスは電力の形態を変更するだけなので入出力とも電気エネルギーである．エネルギー変換は行っていない．直流電力の形態とは電圧，電流である．交流電力やパルス電力では電圧，電流のほかにも電力の形態の要因がある．電力の形態の変換とは直流電力を交流電力に変換したり，直流電力を別の電圧の直流電力に変換したりすることである．

電力変換（power convert）を図 2.9 に示す．交流を直流に変換する「整流 (rectify)」は真空管の時代から広く使われており，この変換は古くから存在した．そのため，後年可能になった直流から交流への変換をあえて逆変換（invert）とよぶようになった．こ

表 2.1 電力の形態

電力の種類	電力の形態
直流電力	電圧，電流
交流電力	電圧，電流，相数，位相，周波数
パルス	パルス幅，振幅，繰り返し

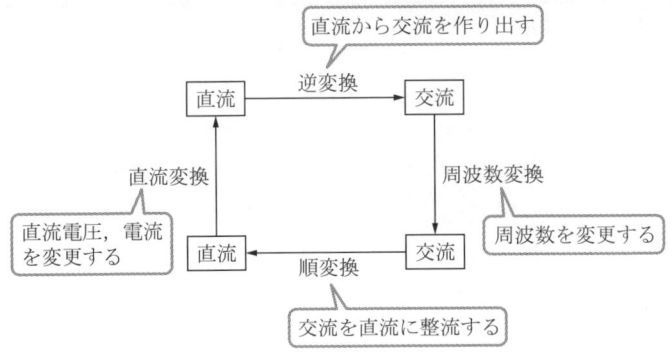

図 2.9 電力の形態の変換

れがインバータという名称の由来である．そのため，交流を直流に整流することを順変換ともよぶ．

　電気エネルギーをほかのエネルギーに変換するのはエネルギー変換機器が行う．エネルギーを利用するためにはエネルギー変換機器へ与える電力を制御する必要がある．電力を制御するとは制御指令に基づき，電源，エネルギー変換機器および負荷の状態に応じて電気エネルギーの形態を調節することである．つまり，図 2.10 のブロック図に示すように制御指令に基づき，電源や負荷の状態も考慮して電力を変換することである．インバータなどのパワーエレクトロニクスを用いたシステムは電力を制御するシステムであり，さらに，電源およびエネルギー変換機器も含めた総合的なエネルギー制御システムであると考えていいだろう．

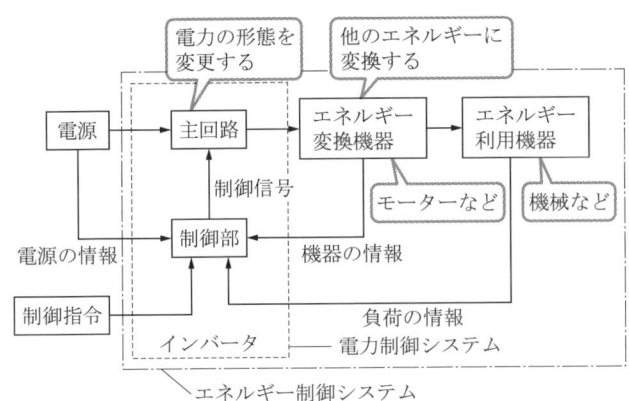

図 2.10 エネルギー制御システム

2.3 原動機

原動機とは自然界に存在するエネルギーを使用して利用可能な動力（運動エネルギー）を発生させる機械である．原動機には流体機械，熱機械がある．

流体による原動機には風車，水車などがある．熱による原動機には蒸気タービン，蒸気機関などの内部に燃焼機構をもたない外燃機関と，ガスタービン，ディーゼルエンジン，ガソリンエンジン，ジェットエンジンのように内部に燃焼機構をもつ内燃機関がある．

なお，原動機の定義を「動力を得るための機械」とする場合がある．その場合，電気エネルギーを利用して動力を発生するモーターは原動機に含まれる．モーターは熱機関，流体機械とならんで原動機の一種ともいわれる．原動機の分類を図 2.11 に示す．

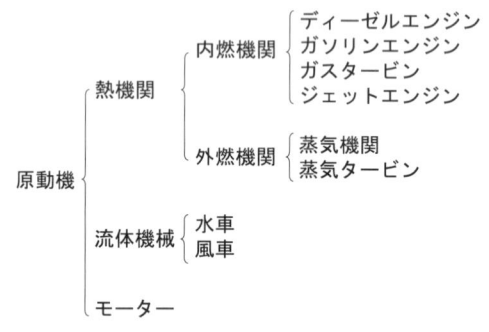

図 2.11　原動機の分類

電気エネルギーを得るためには原動機の発生する動力で発電機を駆動する．つまり，原動機は電気エネルギーを利用するためにはなくてはならない機械である．原動機の効率は原動機に供給されたエネルギーと利用したエネルギーの比率である．入力と出力の差を損失という．モーターの場合，損失がなければエネルギー効率 100% が達成できるが，熱機関では熱力学の法則に基づく理論効率の上限がある．

$$\text{エネルギー効率 [\%]} = \frac{\text{利用したエネルギー}}{\text{原動機に供給されたエネルギー}} \times 100$$

各種資格試験の出題例

本章に関する内容は，以下のようにさまざまな資格試験で取り上げられている．問題によっては，本書の内容をこえるものがあるが，本書の説明でもある程度は理解できるはずである．ぜひ本書をスタートにそれぞれの専門書等で勉強を深めこれらの資格に挑戦してほしい．解答と出典は巻末を参照のこと．

2.1　水力発電所の水車の種類を，適用落差の高いものから低いものの順に左から右に並べたものは．
　　イ．プロペラ水車　　　フランシス水車　　ペルトン水車
　　ロ．フランシス水車　　ペルトン水車　　　プロペラ水車
　　ハ．フランシス水車　　プロペラ水車　　　ペルトン水車
　　ニ．ペルトン水車　　　フランシス水車　　プロペラ水車
　　　　　　　　　　　　　　　　　　　　　　（第一種電気工事士　筆記試験）

2.2　図は汽力発電所の再熱サイクルを表したものである．図中のⒶ，Ⓑ，Ⓒ，Ⓓの組合わせとして，正しいものは．

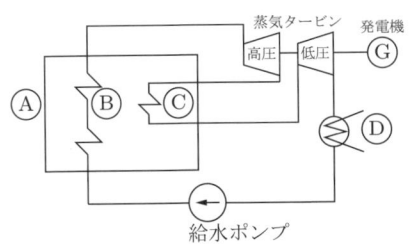

	Ⓐ	Ⓑ	Ⓒ	Ⓓ
イ	復水器	ボイラ	過熱器	再熱器
ロ	ボイラ	過熱器	再熱器	復水器
ハ	過熱器	復水器	再熱器	ボイラ
ニ	再熱器	復水器	過熱器	ボイラ

（第一種電気工事士　筆記試験）

2.3　ディーゼル発電装置に関する記述として，誤っているものは．
　　イ．ディーゼル機関の動作工程は，吸気→爆発（燃焼）→圧縮→排気である．
　　ロ．回転むらを滑らかにするために，はずみ車が用いられる．
　　ハ．ビルなどの非常用予備発電装置として一般に使用される．
　　ニ．ディーゼル機関は点火プラグが不要である．
　　　　　　　　　　　　　　　　　　　　　　（第一種電気工事士　筆記試験）

2.4　次の文章は風力発電に関する記述である．
　　　風として運動している同一質量の空気が持っている運動エネルギーは，風速の　ア　乗に比例する．また，風として風力発電機の風車面を通過する単位時間当たりの空気の量は，風速の　イ　乗に比例する．したがって，風車面を通過する空気の持つ運動エネルギーを電気エネルギーに変換する風力発電機の変換効率が風速によらず一定とすると，風力発電機の出力は風速の　ウ　乗に比例することとなる．
　　　上記の記述中の空白箇所ア，イ及びウに当てはまる数値として，正しいものを組み合わせたのは次のうちどれか．

	ア	イ	ウ
(1)	2	2	4
(2)	2	1	3
(3)	2	0	2
(4)	1	2	3
(5)	1	1	2

（第三種電気主任技術者　電力科目）

2.5 次の文章は，原子力発電に関する記述である．

原子力発電は，原子燃料が出す熱で水を蒸気に変え，これをタービンに送って熱エネルギーを機械エネルギーに変えて，発電機を回転させることにより電気エネルギーを得るという点では，ア と同じ原理である．原子力発電では，ボイラの代わりに イ を用い，ウ の代わりに原子燃料を用いる．現在，多くの原子力発電所で燃料として用いている核分裂連鎖反応する物質は エ であるが，天然に産する原料では核分裂連鎖反応しない オ が99[%]以上を占めている．このため，発電用原子炉にはガス拡散法や遠心分離法などの物理学的方法で エ の含有率を高めた濃縮燃料が用いられている．

上記の記述中の空白箇所ア，イ，ウ，エ及びオに当てはまる語句として，正しいものを組み合わせたのは次のうちどれか．

	ア	イ	ウ	エ	オ
(1)	汽力発電	原子炉	自然エネルギー	プルトニウム239	ウラン235
(2)	汽力発電	原子炉	化石燃料	ウラン235	ウラン238
(3)	内燃力発電	原子炉	化石燃料	プルトニウム239	ウラン238
(4)	内燃力発電	燃料棒	化石燃料	ウラン238	ウラン235
(5)	太陽熱発電	燃料棒	自然エネルギー	ウラン235	ウラン238

(第三種電気主任技術者 電力科目)

2.6 次の文章は，汽力発電所のタービン発電機の特徴に関する記述である．

汽力発電所のタービン発電機は，水車発電機に比べ回転速度が ア なるため，イ 強度を要求されることから，回転子の構造を ウ にし，水車発電機よりも直径を エ しなければならない．このため，水車発電機と同出力を得るためには軸方向に オ することが必要となる．

上記の記述中の空白箇所ア，イ，ウ，エ及びオに当てはまる組合わせとして，最も適切なものを次の(1)〜(5)のうちから一つ選べ．

	ア	イ	ウ	エ	オ
(1)	高く	熱的	突極形	小さく	長く
(2)	低く	熱的	円筒形	大きく	短く
(3)	高く	機械的	円筒形	小さく	長く
(4)	低く	機械的	円筒形	大きく	短く
(5)	高く	機械的	突極形	小さく	長く

(第三種電気主任技術者 電力科目)

2.7 水力発電所において，有効落差100[m]，水車効率92[%]，発電機効率94[%]，定格出力2500[kW]の水車発電機が80[%]負荷で運転している．このときの流量$[m^3/s]$の値として，最も近いのは次のうちどれか．

(1) 1.76　　(2) 2.36　　(3) 3.69　　(4) 17.3　　(5) 23.1

(第三種電気主任技術者 電力科目)

2.8 単相及び三相の低圧配電方式について，代表的な方式を3種類挙げ，その結線図

を示し，特徴を説明せよ．これらは，一線又は中性点が接地されるが，その理由について述べよ．

(技術士第二次試験　電気電子部門　発送配変電科目)

2.9　可変速揚水発電の導入の背景及び利点について説明せよ．また，可変速揚水発電システムについて，従来システムとの違いを励磁方式の観点から説明せよ．さらに，電力系統において，可変速揚水発電以外の可変速技術の適用例を1つ示し，その特徴を具体的に説明せよ．

(技術士第二次試験　電気電子部門　発送配変電科目)

2.10　各文章の□□□に入れるべき適切な字句を解答群から選び，その記号を答えよ．
　　　需要構造における夏期ピークの先鋭化は□1□の低下をもたらし，その結果，年間需要の増加を上回る規模の新たな□2□が必要となってきている．一方，発電所の建設に当たっては，自然・社会環境に与える影響に関連して地元との十分な調整の実施をはじめとして，建設工事が完成に至るまで長い年月が必要である．したがって，電力を消費するあらゆる部門にわたって，電力ピークシフト対策(重負荷時の□3□を，軽負荷時である休日，夜間等に移行することによって，負荷率の改善を図る.)を推進することが経済的に肝要である．そこで□4□を変更することによって負荷調整を行い，重負荷時の昼間ピークから休日，夜間等の軽負荷時に需要を移すことができれば，電気供給事業者として電力供給設備の節減になるばかりでなく，発電所の効率的運転も可能となり，□5□原価の低減が図れる．これは省エネルギーの要請に沿うものであるといえる．
(ア) 電力料金　　(イ) 操業率　　(ウ) 操業パターン　　(エ) 産業用電力
(オ) 電力設備　　(カ) 負荷率　　(キ) 需要率　　(ク) 発電設備
(ケ) 冷房設備　　(コ) 供給　　(サ) 生産設備　　(シ) 昼間需要
(ス) 利用率　　(セ) 需要設備　　(ソ) 製造

(エネルギー管理士(電気分野))

電動力の応用

本章ではモーター（電動機）の応用について述べてゆく．モーターが負荷に接続されて回転しているとき，モーターはトルクを発生している．モーターの発生トルクが負荷の必要なトルクと等しくなければ回転数は一定にならない．等しくなければ回転数は増加または減少する．つまり，モーターを利用するのは負荷の特性への理解が必要である．そこで，本章ではモーターを応用するに際して必要な負荷に関することを述べてゆく．なお，本章ではモーターの例としてかご形誘導モーターを中心に述べる．

3.1 回転運動の基本

回転運動について述べる前に，直線運動について述べる．一般に運動方程式は次のように表される．

$$F = m\alpha = m\frac{d^2x}{dt^2} \tag{3.1}$$

ここで，F は物体に作用する力 [N]，m は物体の質量 [kg]，α は加速度 [m/s^2] である．このとき，物体が x [m] 移動したとすると，この間にした仕事 W [J] は

$$W = Fx \tag{3.2}$$

である．仕事の単位はジュールである．エネルギーとは仕事をする能力を表している．なお，この物体の運動中の運動エネルギー U [J] は次のように表される．

$$U = \frac{1}{2}mv^2 \tag{3.3}$$

仕事率 P [W] とは 1 秒当たりの仕事なので

$$P = \frac{U}{t} \tag{3.4}$$

である．仕事率を速度 v[m/s] を使って表すと，

$$P = Fv \tag{3.5}$$

となる．仕事率の単位はワット [W] であり，モーターの出力や負荷の必要動力として

使われる.

以上のことを回転運動に置き換えてみよう．回転運動の運動方程式は次のようになる．

$$T = J\frac{d^2\theta}{dt^2} \tag{3.6}$$

この式を直線運動の式 (3.1) と比較すると，$F \to T$, $m \to J$, $x \to \theta$ に置き換わっていることがわかる．直線運動の力に相当するのが回転運動ではトルク T である．トルク T は回転運動の半径 r [m] と力 F [N] の積を用いて次のように表される．

$$T = Fr \quad [\text{Nm}] \tag{3.7}$$

さらに，質量 m [kg] に相当するのが慣性モーメント J である．慣性モーメント J は次のように定義される．

$$J = mr^2 \quad [\text{kgm}^2/\text{rad}^2] \tag{3.8}$$

慣性モーメント J とトルク T の関係は次のようになる．これが回転運動の運動方程式である．

$$T = J\frac{d\omega}{dt} \quad [\text{Nm}] \tag{3.9}$$

また，回転運動では位置 x に相当するのが角度 θ [rad] である．角速度 ω [rad/s] は，1秒当たりの回転角度で定義される．

$$\omega = \frac{d\theta}{dt} \quad [\text{rad/s}] \tag{3.10}$$

なお，角速度 ω と毎秒回転数 n [s^{-1}]，毎分回転数 N [min^{-1}] との関係は次のようになる．

$$\omega = 2\pi n = \frac{2\pi N}{60} \tag{3.11}$$

図 3.1 に示すように，質量 m の点が半径 r [m] で回転運動しているとき，質量 m の点の接線方向の速度（周速）v [m/s] は次のように表される．

$$v = r\omega \tag{3.12}$$

このときの仕事率 P [W] を求めると，

$$P = Fv = Fr\omega = T\omega \tag{3.13}$$

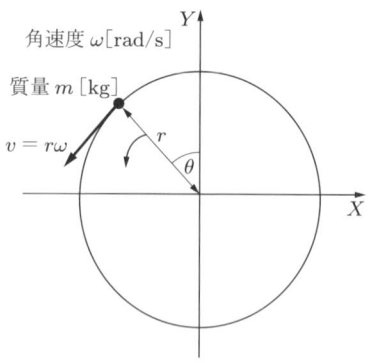

図 3.1　回転運動

と表される．この式は式 (3.5) と対応していることに注意してほしい．この点の回転運動の運動エネルギー W [J] は次のようになる．

$$W = \frac{1}{2}mr^2\omega^2 = \frac{1}{2}J\omega^2 \tag{3.14}$$

なお，機械の分野では慣性モーメントの代わりにはずみ車効果を表す GD^{2}[*1] を用いることが多い．はずみ車効果とは，全質量 G [kg] が直径 D [m] の円周上に存在すると仮定したとき，その慣性への効果をはずみ車効果 GD^2 として表す．

$$GD^2 = G(2r)^2 = 4J \quad [\text{kgm}^2/\text{rad}^2] \tag{3.15}$$

つまり GD^2 は慣性モーメント J に相当する量である．ただし，現物と対応しやすいように直径 D によって表した量である．

3.2　各種の負荷特性

モーターで駆動される負荷には，それぞれ特有のトルク特性がある．図 3.2 に各種のトルク特性を示す．トルク特性とは，回転数に対するトルクの変化を示したものである．

定トルク特性： 回転数が変化しても負荷トルクは一定である．動力（モーター出力）はトルク×回転数なので，モーター出力は回転数に比例する．定トルク特性の例としてベルトコンベアがある．回転数が変わってもトルクはほぼ一定である．ただし，コンベアの積荷の重さによりトルク曲線が上下に変化する．このほか，重力負荷（巻き上げ）もこの特性をもつ．

---

*1　ジーデースケと読むことが多い．（スケ：スクエア（2 乗））

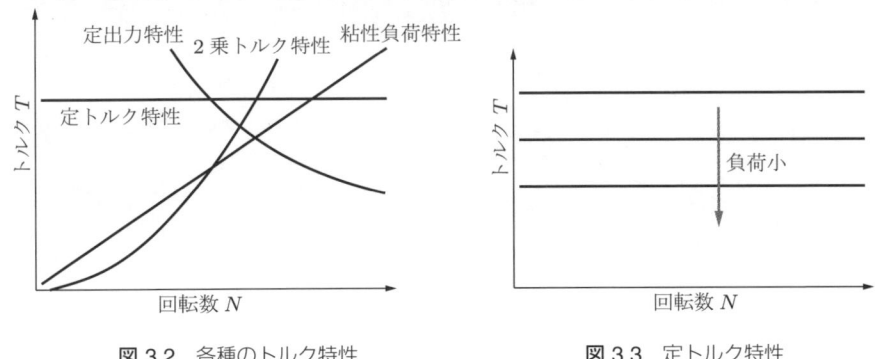

図 3.2　各種のトルク特性　　　　図 3.3　定トルク特性

粘性負荷特性： 回転数に比例してトルクが変化する．出力は回転数の2乗に比例する．空気や水のような流体との摩擦が原因なので摩擦抵抗ともいう．ゆっくり動いている船の推進や空気抵抗などがこの特性である．また，一部のポンプ類もこのような特性をもつ．

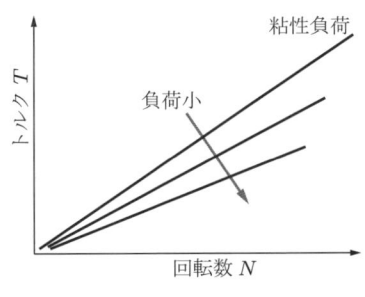

図 3.4　粘性負荷特性

2乗トルク特性： 回転数の2乗に比例してトルクが変化する．流体中の運動で，速度が速いときの空気や水の圧力を押しのける力である．慣性力は回転数の2乗に比例するので慣性負荷特性ともいう．このトルク特性はファン，ポンプなどの流体機械に多く見られる．流体機械では回転数は流量に相当する．しかし流量のほかに圧力という条件があり，図 3.5 に示すように圧力によりトルク曲線は上下する．2乗トルク特性の負荷は出力が回転数の3乗に比例する．そのため回転数を低下させることによる省エネルギーの効果が大きい．

定出力特性： トルクが回転数に反比例する特性である．出力一定の曲線に従って，高速になればなるほどトルクが小さくなる．自動車，電車などの走行体の牽引トルクも定出力特性である．出力は回転数にかかわらず一定である．グラインダ，巻き取り機，工作機械などもこの特性である．なお，計算上は回転数がゼロでは

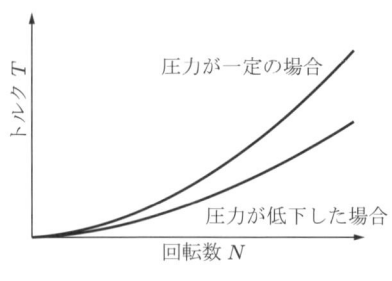

図 3.5　ポンプのトルク特性の変化

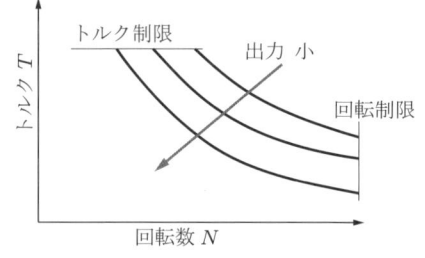

図 3.6　定出力特性

トルクが無限大になり，トルクがゼロでは回転数が無限大になってしまう．通常はトルク制限（または電流制限）および回転制限を設ける．

このようなトルク特性は各回転数で負荷の必要とする最大トルクを示している．この特性曲線上で運転するのではなく回転数以外の条件により特性曲線よりも下で運転する．特性曲線の囲む内側の領域で運転していると考えてよい．図 3.7 にはエアコンと電気自動車の運転状態とトルク，回転数の関係を示す．エアコンの場合，冷房と暖房で運転回転数域が異なり，室温と気温の関係でトルクが上下する．また高回転域では家庭用コンセントの容量の制約があり，定出力特性となっている．電気自動車の場合，低速では定トルク特性，高速では定出力特性となっている．走行速度，加減速の状態などにより必要トルクが異なる．

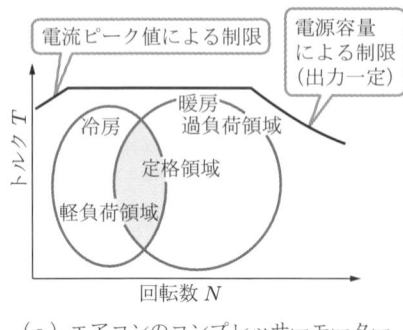

（a）エアコンのコンプレッサーモーター

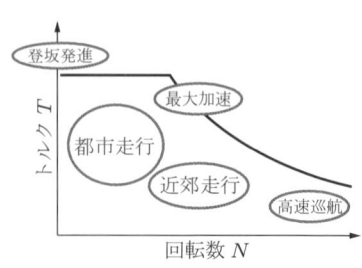

（b）電気自動車の走行用モーター

図 3.7　トルク特性

3.3　モーターの運転点

モーターの特性曲線として，負荷の特性と同様にトルクと回転数の関係を示す N–T

曲線が用いられる．負荷に接続されたモーターの回転数は，モーターの発生するトルクと負荷の必要とするトルクが等しくなる回転数で運転する．すなわち，負荷とモーターのトルク特性を同一座標のグラフに描けば，両曲線の交点 P がモーターの運転点になる．モーターのトルクが大きければ加速し，小さければ減速する．

しかし，交点で運転するといっても必ずしも安定に運転できるとは限らない．運転が安定であるかどうかは図 3.8 に示すようにモーターのトルク T_M と負荷のトルク T_L を一つのグラフ上に表して判別する必要がある．

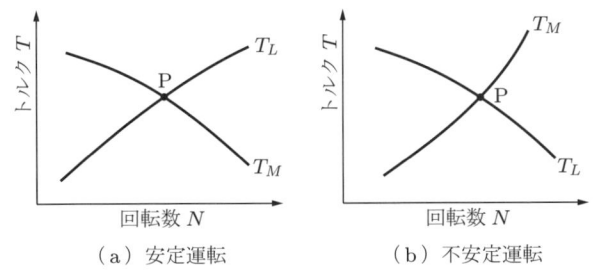

図 3.8　モーターの運転点

図 3.8(a) において，運転点 P で運転しているとする．このとき，何らかの原因で回転数が増加したとする．点 P より高い回転数では負荷トルク T_L はモータートルク T_M より大きいので，回転数を維持できず，減速して点 P に戻る．逆に回転数速度が下がると $T_L < T_M$ となる．このときモーターのトルクは必要トルクより大きいので加速して運転点は点 P に戻る．つまり，この場合，点 P は安定した運転点である．

図 3.5(b) においては，回転数が増すと，$T_L < T_M$ となる．このため，モータートルクが余剰となり，回転数がますます増加する．運転点は点 P に戻らない．このようなときは不安定な運転である．

このように負荷トルク T_L とモータートルク T_M の差 $(T_M - T_L)$ が正のときは加速され，負のときは減速されるので運転点は常に P となる．

このようにモーターの運転点は負荷とモーターの状態の成り行きで決まるといっても過言ではない．モーター単体で負荷を駆動する場合，負荷の特性を熟知することが重要なのである．4 章で述べるモータードライブシステムはパワーエレクトロニクスを使ってモーターの回転数やトルクを制御するシステムである．モータードライブシステムを使えば負荷特性にかかわらず，モーターの運転点（トルクと回転数）を積極的に制御することができるようになる．

3.4 始動，加速，減速

3.4.1 モーターの始動と加速

モーターの発生するトルクを T_M，負荷トルクを T_L とすると運動方程式は次のように表すことができる．

$$J\frac{d\omega}{dt} = T_M - T_L \tag{3.16}$$

この式の $d\omega/dt$ は角回転数の微分である．つまり，角回転数の変化する速度（角加速度）を表している．この式を変形して積分すると回転数の変化に要する時間を求めることができる．

$$t_2 - t_1 = \int_{t_1}^{t_2} J\frac{d\omega}{dt} \cdot dt = \int_{\omega_1}^{\omega_2} \frac{J}{T_M - T_L} d\omega \quad [\text{s}] \tag{3.17}$$

モーターのトルク，負荷トルクおよび慣性モーメントから始動時間，制動時間などを求めることができる．

具体的には次のように求める．

例題 始動時間の計算

定格出力 $30\,\text{kW}$，$1150\,\text{min}^{-1}$ の 6 極誘導モーターに負荷が接続されており，モーターと負荷を合わせた合計の GD^2 が $150\,\text{kgm}^2$ である．このモーターを電源に直結して駆動したとき，モーターと負荷のシステムが始動を完了し定格回転数に達するには何秒必要か．ただし，始動中の加速トルクはモーターの定格トルクと等しいとする．

解答例

① モーターの定格回転数における定格トルクを求める．定格出力を P_n [W]，定格時の角回転数を ω_n [rad/s]，同期角速度を ω_s [rad/s] とすれば，定格トルク T_n は式 (3.13) を用いて次のように表される．

$$T_n = \frac{P_n}{\omega_n}$$

定格角回転数は式 (3.11) を用いて，定格回転数 N_n を角速度表示すればよい．

$$\omega_n = N_n \frac{2\pi}{60} = \frac{1150 \times 2\pi}{60} \quad [\text{rad/s}]$$

したがって，定格トルクは次のようになる．

$$T_n = \frac{30 \times 10^3 \times 60}{1150 \times 2\pi} = 249 \quad [\text{Nm}]$$

② 始動時間の計算

まず，慣性モーメントを式 (3.15) を用いて GD^2 から求める．

$$GD^2 = 4J \quad \text{より} \quad J = \frac{GD^2}{4} \quad \text{である．}$$

始動時間は式 (3.17) を用いて求める．

$$t = t_2 - t_1 = \int_0^{\omega_n} \frac{J}{T_n} d\omega = \frac{J\omega_n}{T_n} = \frac{150 \times 1150 \times 2\pi}{249 \times 4 \times 60} = 18.1\,\text{s}$$

このモーターシステムの始動完了には 18.1 秒必要であることがわかる．なお，実際の誘導モーターでは始動中の加速トルクは定格トルクより大きいのが一般的であり，ここでの計算結果は最悪ケースを求めたものと考えるべきである．

3.4.2 誘導モーターの始動方式

誘導モーターは中大型用途で最も多く使用されている．とくに大型の誘導モーターはインバータ制御されないで商用電源でそのまま使用されることが多い．そこで誘導モーターの始動方式についてとくに取り上げる．

誘導モーターは始動時（すべり $s = 1$）に電流が大きい．モーターに定格電圧をそのまま印加すると定格電流の 5〜8 倍程度の電流が流れる．それにより過電流によるブレーカの遮断，ケーブルの焼損，電圧降下などがおこる．そのため中型以上の誘導モーターでは各種の始動方式により始動電流の低下が図られている．

(1) かご形誘導モーターの始動方式

かご形誘導モーターは停止しているとき，二次側の等価回路は短絡状態と考えられる．そのためモーターのインピーダンスが小さく，大きな始動電流が流れてしまう．始動時の電圧を低下させるか，または始動電流を抑制する方法などが用いられている．

① 全電圧始動

停止時から定格電圧を印加して始動する方法を全電圧始動法とよぶ．小容量機ではブレーカの誤動作やケーブルの焼損等の問題が少ないので全電圧始動法がよく用いられる．じか入れ始動ともよばれる．

② Y–Δ 始動

Y–Δ 始動法は始動時と運転時のモーターの巻線の接続を切り換える方式である．図 3.9 のようにスイッチを用いて，始動時は図 (b) の Y 結線とし，加速して定格回転数近くになったとき，スイッチを切り換えて図 (c) の Δ 結線に変更する．始動電流は線電流なので，Y 結線の場合，線間電圧を V とすると，線電流 I_Y は

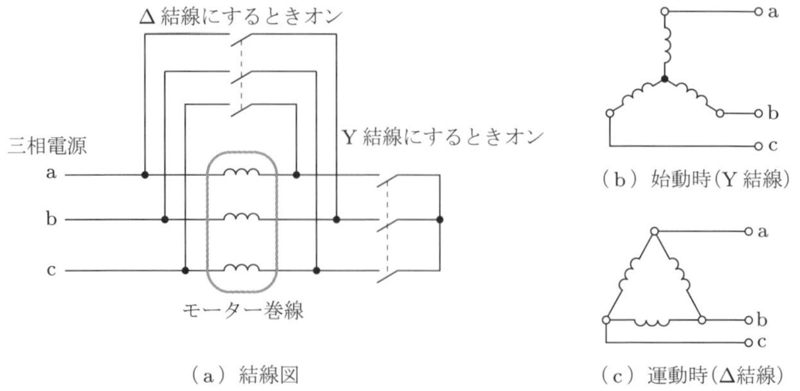

(a) 結線図

(b) 始動時（Y 結線）

(c) 運動時（Δ結線）

図 3.9　Y–Δ 始動

$$I_Y = \frac{1}{\sqrt{3}} \frac{V}{Z}$$

となる．ここで，Z はモーターの 1 相分のインピーダンスである．一方，Δ 結線の場合，線電流は相電流と等しく，

$$I_\Delta = \frac{V}{Z}$$

となる．始動時に Y 結線とすることで始動電流を $1/\sqrt{3}$ とすることができる．ただし，始動トルクは相電圧の 2 乗に比例するので始動トルクは 1/3 に低下する．始動時に負荷のトルクが小さい場合に有効である．スターデルタ方式ともよばれる．

③ リアクトル始動

リアクトル始動はリアクトルが電流の急激な変化を抑えるはたらきをすることを利用する方法である．図 3.10 のように電源とモーターの間にリアクトルを接続し，回転数が定格速度に近づいたらリアクトルを短絡する．リアクトル始動は Y–Δ 始動よりもモーターの発生するトルクが大きく，しかも，始動電流は全電圧始動の約 50％まで低下させることができる．

④ コンドルファ始動

コンドルファ始動方式は，単巻変圧器（オートトランス）を利用する方法である．単巻変圧器とモーターの接続を図 3.11 に示す．単巻変圧器により電圧を分圧する．図に示すように一次，二次巻線の共通な巻線の電圧を V_2 とするとモーター電流は

$$I_2 = \frac{V_1}{V_2} I_1$$

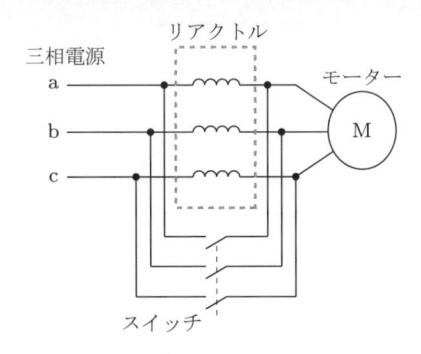

図 3.10 リアクトル始動

となる．ここで，V_2/V_1 をタップ値といい，通常%で表す．始動時は分路巻線からモーターに電流を供給し，低電圧で始動する．始動後，スイッチにより全電圧に切り換え，定格速度までモーターを加速させる．始動電流および始動トルクは全電圧始動の場合の値にタップ値の2乗を乗じた値となる．したがって，たとえばタップ値を50%とした場合には始動電流，始動トルクとも全電圧始動時の約25%となる．コンドルファ始動は大容量のモーターに広く採用されている．

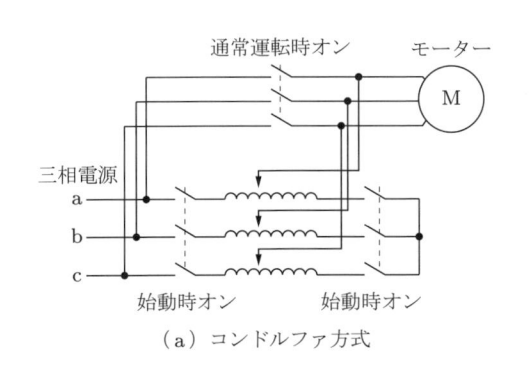

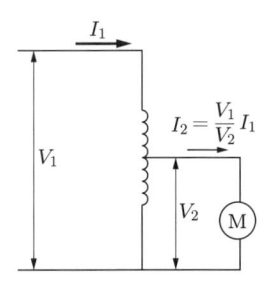

(a) コンドルファ方式

(b) コンドルファ方式の原理

図 3.11 コンドルファ始動

(2) 巻線形誘導モーターの始動方式

巻線形誘導モーターの始動方式は，かご形誘導モーターと基本的に同様なものが用いられる．しかし，巻線形誘導モーターはスリップリングにより二次巻線に外部回路が接続できるため，特有の始動方式がある．

巻線形誘導モーターの二次巻線には外部から抵抗を接続できる．したがって二次抵抗値が外部から変更できる．その結果，図 3.12 に示すようなトルク特性を得ることができる．この特性は，誘導モーターのトルクが（二次抵抗 r_2'）/（すべり s）に比例す

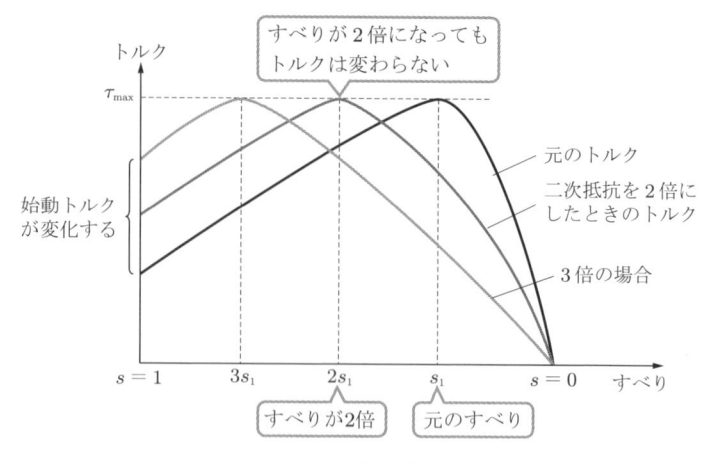

図 3.12　比例推移

ることから生じる．つまり，二次抵抗値が変化してもすべりがそれに応じて変化すればトルクは変わらないということを表している．図に示すように，二次抵抗が2倍になったとき，すべりが2倍のところではトルクが等しくなる．このような性質を比例推移という．

比例推移を利用するために図3.13のように始動用の抵抗器を接続する．始動時は最大抵抗からスタートし，回転数の上昇に合わせて抵抗を減少させ，最後はゼロとして二次巻線を短絡状態にする．これは二次抵抗始動法ともいわれる．この方式では定格電流に近い始動電流で始動させることができる．また，二次抵抗を調節して比例推移の特性を利用すれば速度制御も可能である．

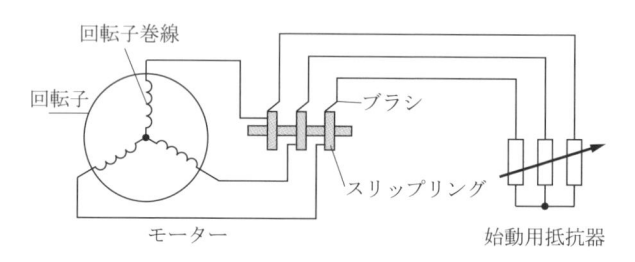

図 3.13　巻線形誘導モーターの始動方法

3.4.3　減　速

始動の場合，加速のために外部からモーターシステムに運動エネルギーを与えることになる．この逆に，減速や停止の場合，モーターシステムから運動エネルギーを放出させる必要がある．回転しているモーターシステムを減速することは運動エネルギー

を回転体の熱に変換することである．モーターを減速すると回転子が発熱する．運動エネルギーは式 (3.14) に示したように次のように表される．

$$W = \frac{1}{2}J\omega^2$$

慣性モーメントの大きい回転体は運動エネルギーが大きい．減速には発熱をともなうので温度上昇に注意を要する．温度上昇は回転体の熱容量により決まる．具体的な減速法については次節で述べる．

3.5 モーターの制動と停止

モーターを減速，停止させることを制動という．制動には機械的なブレーキを用いる方法とモーターそのものをブレーキとする電気制動がある．ブレーキとは，運動する物体を減速させる装置である．減速だけでなく，停止させる場合もブレーキを用いる．ブレーキは制動装置といわれる．

運動している物体は運動エネルギーをもっている．エネルギー保存の法則から，運動エネルギーを他のエネルギーに変換しないと物体の運動を減速，停止させることはできない．一般にブレーキは運動エネルギーを熱エネルギーに変換し，熱を発散させ，減速する．また，運動エネルギーを他の形態のエネルギーに変換して回収することを回生といい，回生ブレーキも使われる．モーターでは回生により運動エネルギーを電気エネルギーに変換し，発電する．油圧の場合，回生により油の圧力を得る．

3.5.1 電気制動

ここでは誘導モーターの電気制動法について述べる．

(1) 逆相制動（プラッギング）

逆相制動は三相誘導モーターにおいて，3本の巻線のうち2本を入れ換えることにより制動力を得る方法である．巻線の入れ換えにより回転磁界の方向は逆方向になる．回転子にそれまでモーターが発生していたトルクと逆方向のトルクが発生し，制動力となる．この方法は制動による運動エネルギーがそのまま，回転子の発熱となるので注意を要する．

(2) 発電制動（ダイナミックブレーキ）

直流モーターの場合，モーターを電源から切りはなし，電源の代わりに抵抗を接続するだけで発電機となり，回転の運動エネルギーが電気エネルギーに変換される．運動エネルギーは抵抗で熱として消費される．抵抗ブレーキともよばれる．

誘導モーターの場合，一次側の3本の端子のうち2端子を結び，ここと他の1端子

の間へ直流電流を流す．これが界磁となるので同期発電機が構成される．このとき，回転子は電機子となるので，運動エネルギーは回転子の電流となり，回転子で熱エネルギーとして消費される．この場合，回転子の温度上昇が問題になる．

　巻線形誘導モーターの場合は，回転子で発生する電力をスリップリングにより外部に接続された抵抗で運動エネルギーを消費させることが可能である．そのため，回転子の発熱はあまり考慮する必要がない．

(3) 回生制動（回生ブレーキ）

　誘導モーターを同期回転数以上になるように外部から回転させると誘導発電機となる．極数や電源周波数を調節すれば発電機動作をするので，モーターから電力を電源に戻すことができる．ただし，速度を0にはできないので，停止させるためにはほかの制動法を併用する．

(4) 単相制動

　巻線形誘導モーターだけに使用される制動法で，一次側の二つの端子を短絡し，残った一つの端子とあわせて単相接続に切り換える．このように接続すると，単相誘導モーターとして機能する．この状態で，二次側に抵抗を接続して抵抗値を増加させるとトルクが減少する．さらに増加させると逆トルクになり，制動トルクを得ることができる．ただし，制動トルクとしては大きな値は得られない．

3.5.2　機械式ブレーキ

　ブレーキの種類を表3.1に示す．車両や回転機械によく使われるのが機械的な摩擦ブレーキである．代表例としてディスクブレーキやドラムブレーキがある．これらは車軸または車輪内に回転ディスクまたは円筒型ドラムをとりつけ，これらに摩擦抵抗を与えることで制動作用を得るものである．ドラムブレーキは制動力が強く軽く安価に作れる．一方，ディスクブレーキは多少コストが高いが制動力が安定している．

　回生ブレーキは前項に述べたようにモーターを発電機として使い，運動エネルギーを電流に変換する．発電した電力は電源に戻される場合もあるが抵抗で熱として消費

表3.1　ブレーキの種類と原理

分類	原理	例
機械ブレーキ	摩擦	ディスクブレーキ ドラムブレーキ
電気ブレーキ	発電	回生ブレーキ 渦電流ブレーキ
流体ブレーキ	空気抵抗	スポイラー，パラシュート （空力ブレーキ）

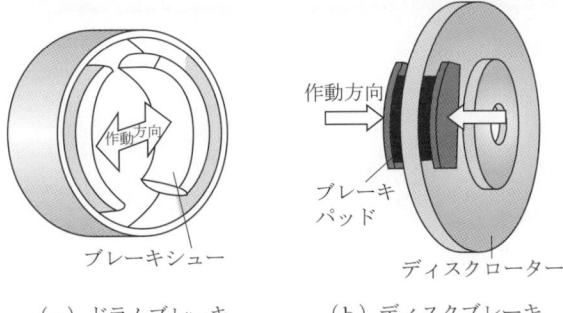

(a) ドラムブレーキ　　　　（b）ディスクブレーキ

図 3.14　ドラムブレーキとディスクブレーキの原理

することもある.

　渦電流ブレーキはモーターを用いない電気制動法である．渦電流ブレーキは電磁石に電流を流すことにより渦電流を発生させ，渦電流により発生する電磁力を利用したブレーキである．誘導モーターのトルクの発生原理と同じで方向が逆だと考えればよい．

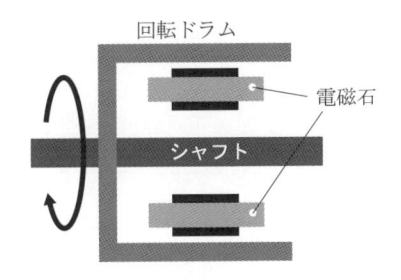

図 3.15　渦電流ブレーキの原理

　流体ブレーキ（空力ブレーキ）は空気抵抗が物体の断面積に比例し，速度の 2 乗に比例することを利用している．進行方向の断面積を増加させれば制動力が得られる．つまり，空気抵抗が大きくなるようにじゃま板を出す．高速でないと制動力が働かないので航空機，リニアモーターカーなどで使われている．

3.6　動力伝達

　モーターで負荷を駆動する場合，モーターの発生するトルクを負荷となる機械に伝達しなければならない．このために使われるのが動力伝達装置である．動力伝達装置には直接両者を連結するための軸継手，速度を変化させて動力を伝達する歯車，ベルトなどの変速装置，さらに，動力伝達を入り切りするクラッチなどがある．

3.6.1 軸継手

モーターと負荷を直接接続するために使われる動力伝達装置が軸継手である．フランジ継手はそれぞれの軸にフランジ[*1]を取り付ける．フランジどうしをボルトなどで固定し，一体化する．しかし，モーター軸と負荷軸の回転中心が完全に一致していないと振動が生じてしまうという欠点がある．

そのため図 3.16 に示すようにフランジのボルト穴をボルト径より大きくし，ゴムやばねなどで衝撃やひずみを吸収できるようにしたのが，たわみ継手である．

また，図 3.17 に示す自在継手は xy 方向に曲がるように自由度をもたせた継手である．自在継手は回転軸の向きがずれていても動力が伝達できる．

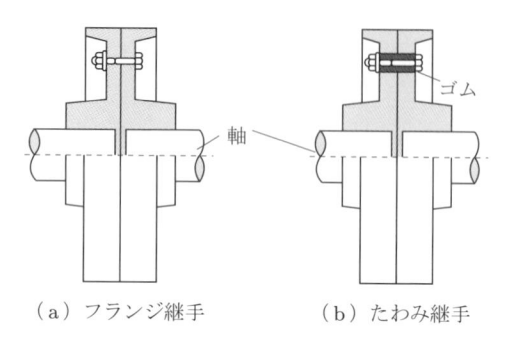

（a）フランジ継手　　（b）たわみ継手

図 3.16　フランジ継手とたわみ継手

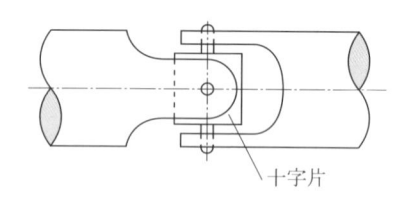

図 3.17　自在継手

3.6.2 歯車

歯車にはさまざまな種類があるが，このうちよく使われるのが，平歯車，はすば歯車，やまば歯車，かさ歯車およびウォームギヤなどである．このうちウォームギヤ以外は双方向に動力伝達可能である．ウォームギヤは円筒ウォームからウォームホイールへの伝達しかできない．それぞれの歯車は速度比や伝達効率が異なる．

[*1] 軸端につけられた円板．

(a) 平歯車　　（b) はすば歯車　　（c) かさ歯車

(d) やまば歯車　　（e) ウォームギヤ

円筒ウォーム
ウォームホイール

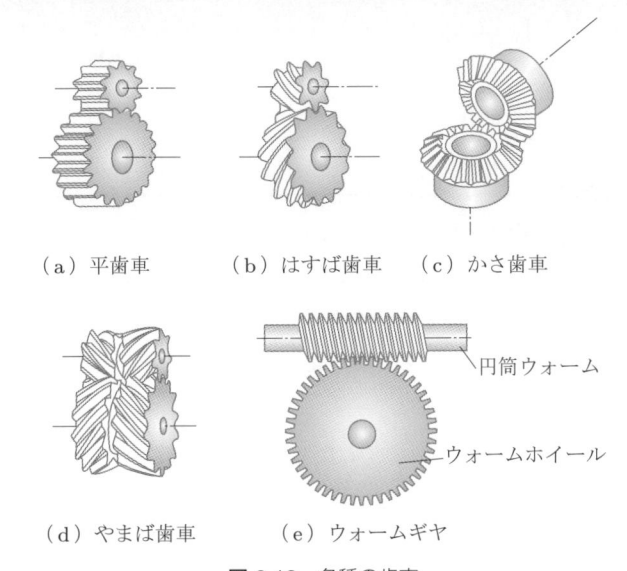

図 3.18　各種の歯車

表 3.2　各種の歯車

種類	速度比	伝達効率
平歯車，はすば歯車，やまば歯車		98〜99%
かさ歯車	1:1〜7	92〜99%
ウォームギヤ	1:20〜100	85〜90%

3.6.3　ベルトによる伝達

　ベルトによる動力伝達を図 3.19 に示す．動力伝達はベルトとベルトを巻くベルト車（プーリー）によって行われる．駆動側のベルト車が負荷側のベルト車を引っ張るようにベルトを取り付ける．反対側のベルトは，たるむように取り付けることにより動力伝達面積が大きくできる．

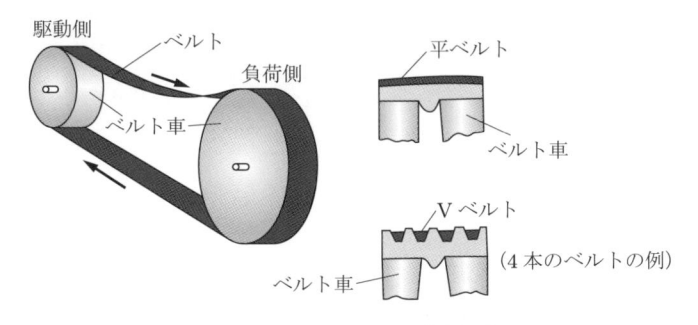

駆動側　ベルト　負荷側　ベルト車
平ベルト　ベルト車
V ベルト　（4本のベルトの例）　ベルト車

図 3.19　ベルトによる動力伝達

ベルトの断面の形によって平ベルト車とVベルト車がある．Vベルトは比較的大きな動力で使われる．伝達速度比は1 : 1～5であり，伝達効率は平ベルトで70～80%，Vベルトで85～95%である．

3.6.4　無段変速装置

ベルトによる動力伝達では連続的に速度比を変更することが可能である．原理を図 3.20 に示す．円錐形のベルト車に平ベルトをかけて平ベルトの位置を変えれば速度比が変わる．またV字形ベルト車の溝の幅を変えられるようにすると，Vベルトの入る深さが変わるので径が変わり，変速比が変わる．このような方法で1 : 3程度までの無段階の変速が可能である．

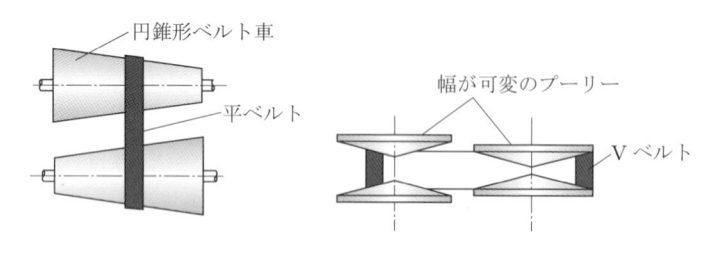

図 3.20　ベルト式無段変速機

パウダーブレーキは磁性鉄粉を利用し，電磁石の励磁の強弱により回転力の伝達量を変化させるしくみである．パウダーブレーキは次項に述べる動力伝達のオンオフを行うクラッチとしての機能ももつ．

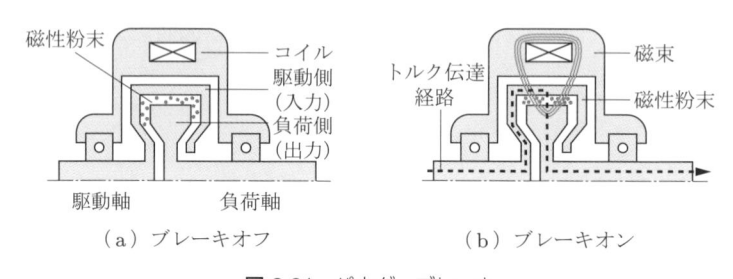

図 3.21　パウダーブレーキ

3.6.5　クラッチ

クラッチは二つの回転軸を接続したり分離したりすることで回転力の伝達を断続する．回転力は二つの部材のかみ合わせや粘性，摩擦力，電磁力などを用いて伝える．

代表的なクラッチにかみ合いクラッチ，摩擦クラッチがある．このほか，作動力の

種類で電磁クラッチ，流体クラッチ，遠心クラッチなどとよばれるクラッチがある．

電気エネルギーを利用したクラッチにはパウダーブレーキと同原理のパウダークラッチおよび電磁クラッチがある．電磁クラッチは駆動側と負荷側の軸を直流電磁石の吸引力を利用して連結解放する装置である．励磁したときに駆動側と負荷側のプレートが押し付けられ，摩擦力により結合されて動力が伝達される．

（a）かみ合いクラッチ　　　　（b）摩擦クラッチ

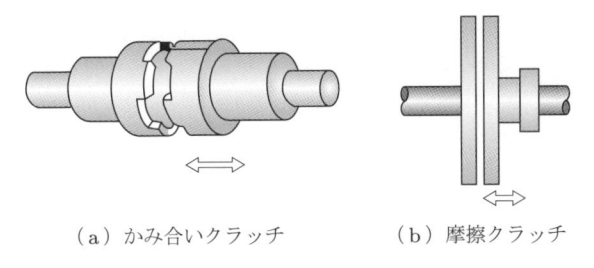

図 3.22　クラッチの原理

各種資格試験の出題例

本章に関する内容は，以下のようにさまざまな資格試験で取り上げられている．問題によっては，本書の内容をこえるものがあるが，本書の説明でもある程度は理解できるはずである．ぜひ本書をスタートにそれぞれの専門書等で勉強を深めこれらの資格に挑戦してほしい．解答と出典は巻末を参照のこと．

3.1　巻上機で質量 W [kg] の物体を毎秒 v [m] の速度で巻き上げているとき，この巻上用電動機の出力 [kW] を示す式は．ただし，巻上機の効率は η [%] であるとする．

（イ）$\dfrac{0.98W \cdot v}{\eta}$　　（ロ）$\dfrac{0.98W \cdot v^2}{\eta}$　　（ハ）$0.98\eta W \cdot v$　　（ニ）$0.98\eta W^2 \cdot v^2$

（第一種電気工事士　筆記試験）

3.2　6極のかご形三相誘導電動機があり，その一次周波数が調整できるようになっている．この電動機が滑り 5 [%]，回転速度 570 [min^{-1}] で運転されている場合の一次周波数 [Hz] は．

（イ）20　（ロ）30　（ハ）40　（ニ）50

（第一種電気工事士　筆記試験）

3.3　エレベータの昇降に使用する電動機の出力 P を求めるためには，昇降する実質の質量 M [kg]，一定の昇降速度を v [m/min]，機械効率を η [%] とすると，

$$P = 9.8 \times M \times \dfrac{v}{60} \times \boxed{\text{ア}} \times 10^{-3}$$

となる．ただし，出力 P の単位は $\boxed{\text{イ}}$ であり，加速に要する動力及びロープの質量は無視している．

昇降する実質の質量 M [kg] は，かご質量 M_C [kg] と積載質量 M_L [kg] とのかご

側合計質量と，釣合いおもり質量 M_B [kg] との ウ から決まる．定格積載質量を M_n [kg] とすると，平均的に電動機の必要トルクが エ なるように，釣合いおもり質量 M_B [kg] は，

$$M_B = M_C + \alpha \times M_n$$

とする．ただし，α は $\frac{1}{3} \sim \frac{1}{2}$ 程度に設計されることが多い．

電動機は，負荷となる質量 M [kg] を上昇させるときは力行運転，下降させるときは回生運転となる．したがって，乗客がいない（積載質量がない）かごを上昇させるときは オ 運転となる．

上記の記述中の空白箇所ア，イ，ウ，エ及びオに当てはまる語句，式又は単位として，正しいものを組み合わせたのは次のうちどれか．

	ア	イ	ウ	エ	オ
(1)	$\frac{100}{\eta}$	kW	差	小さく	力行
(2)	$\frac{\eta}{100}$	kW	和	大きく	力行
(3)	$\frac{100}{\eta}$	kW	差	小さく	回生
(4)	$\frac{\eta}{100}$	W	差	小さく	力行
(5)	$\frac{100}{\eta}$	W	和	大きく	回生

（第三種電気主任技術者　機械科目）

3.4 電動機ではずみ車を加速して，運動エネルギーを蓄えることを考える．

まず，加速するための電動機のトルクを考える．加速途中の電動機の回転速度を N [min^{-1}] とすると，そのときの毎秒の回転速度 n [s^{-1}] は①式で表される．

$$\boxed{\text{ア}} \qquad \cdots\cdots\cdots\cdots ①$$

この回転速度 n [s^{-1}] から②式で角速度 ω [rad/s] を求めることができる．

$$\boxed{\text{イ}} \qquad \cdots\cdots\cdots\cdots ②$$

このとき電動機が 1 秒間にする仕事，すなわち出力を P [W] とすると，トルク T [Nm] は③式となる．

$$\boxed{\text{ウ}} \qquad \cdots\cdots\cdots\cdots ③$$

③式のトルクによってはずみ車を加速する．電動機が出力し続けて加速している間，この分のエネルギーがはずみ車に注入される．電動機に直結するはずみ車の慣性モーメントを I [kgm^2] として，加速が完了したときの電動機の角速度を ω_0 [rad/s] とすると，このはずみ車に蓄えられている運動エネルギー E [J] は④式となる．

エ .... ④

上記の記述中の空白箇所ア，イ，ウ及びエに当てはまる組合せとして，正しいものを次の (1)～(5) のうちから一つ選べ．

	ア	イ	ウ	エ
(1)	$n = \dfrac{N}{60}$	$\omega = 2\pi \times n$	$T = \dfrac{P}{\omega}$	$E = \dfrac{1}{2}I^2\omega_0$
(2)	$n = 60N$	$\omega = \dfrac{n}{2\pi}$	$T = P\omega$	$E = \dfrac{1}{2}I^2\omega_0$
(3)	$n = \dfrac{N}{60}$	$\omega = 2\pi \times n$	$T = P\omega$	$E = \dfrac{1}{2}I\omega_0^2$
(4)	$n = 60N$	$\omega = \dfrac{n}{2\pi}$	$T = \dfrac{P}{\omega}$	$E = \dfrac{1}{2}I^2\omega_0$
(5)	$n = \dfrac{N}{60}$	$\omega = 2\pi \times n$	$T = \dfrac{P}{\omega}$	$E = \dfrac{1}{2}I\omega_0^2$

(第三種電気主任技術者　機械科目)

3.5　誘導電動機の外部に制動装置を取り付けずに行う電気的制動法を 3 つ挙げ，それぞれの原理と特徴を述べよ．

(技術士第二次試験　電気電子部門　電気応用科目)

3.6　日本における電力消費の約半分はモータ動力として利用されている．モータ動力として使用されるエネルギーの消費を低減する技術を述べよ．

(技術士第二次試験　電気電子部門　電気応用科目)

3.7　機械室レスエレベータが最近増加している．その実現した技術的理由と応用例を述べよ．

(技術士第二次試験　電気電子部門　電気応用科目)

3.8　三相誘導電動機の減電圧始動について目的と基本原理を述べ，始動法を 3 つ挙げ説明せよ．

(技術士第二次試験　電気電子部門　電気応用科目)

3.9　次の文章の　1　～　5　の中に入れるべき最も適切な数値をア～ソの解答群から選び，その記号を答えよ．

　　4 極の三相かご形誘導電動機が，減速比 $\left(= \dfrac{\text{電動機側の回転速度}}{\text{負荷側の回転速度}}\right)$ が 100 の減速機を介して図のような巻胴に結合し，200 V，50 Hz の商用電源に接続されて一定速度で負荷を巻き上げている．

　　この巻上げ負荷の質量 m が 1300 kg のとき，電動機の滑りが 0.04 であった．このときの電動機の毎分回転速度は　1　[min^{-1}] であり，毎秒回転角速度は　2　[rad/s] である．巻胴の半径 r が 0.5 m であると，巻上げに必要なトルクは　3　[N·m] になる．したがって，巻上げに必要な電動機の回転子軸トルクは　4　[N·m] である．この結果，電動機軸の機械的な出力は　5　[kW] となる．ただし，円周率 π は 3.14，重力の加速度 g を 9.8 m/s² とし，巻上機と減速機の機械損は無視できるものとする．

ア	5.00	カ	75.3	サ	1200
イ	9.60	キ	151	シ	1440
ウ	15.0	ク	243	ス	1560
エ	20.0	ケ	365	セ	6370
オ	63.7	コ	551	ソ	7500

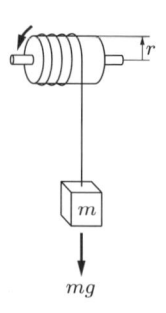

（エネルギー管理士（電気分野））

4 モータードライブシステム

　モーターを制御する場合，単にモーターに制御装置をつなぐだけでなく，モーターと制御装置に加えて負荷までを含んだシステムとして考える必要がある．このような場合，全体を指してモータードライブシステムとよばれる．モータードライブシステムとは「パワーエレクトロニクス」を使ったハードウェアで「電気機器」であるモーターをソフトウェアで「制御」するシステムである．システムとして扱うためには多角的，総合的な取り扱いが必要である．

4.1 モーターの制御

　モーターを制御するためには，モーターについての基本的な理解が必要である．ここでは「電気機器」で学んだ理論をもとにモーターの制御について述べる．

4.1.1 永久磁石直流モーター

　永久磁石直流モーターは界磁に永久磁石を用いている．界磁磁束は一定と考えられるので単純に次に示す電磁気学の基本式に従うと考えてよい．

$$f = BIl \tag{4.1}$$

$$e = vBl \tag{4.2}$$

この式から永久磁石直流モーターの基本式を導出すると次のようになる．

$$V = K_E \omega + rI \tag{4.3}$$

$$T = K_T I \tag{4.4}$$

ここで，V は端子電圧，r は電機子の巻線抵抗，K_E は誘導起電力である．永久磁石界磁の場合，磁束が一定なので K_E, K_T は一定値である．しかも SI 単位系を用いていれば同一数値である．

　式 (4.3), (4.4) を変形すると次のような式が得られる．

$$T = \frac{K_T}{r}V - \frac{K_T K_E}{r}\omega \tag{4.5}$$

$$I = \frac{V - K_E \omega}{r} \tag{4.6}$$

これまでに示した式を図にしたものを図 4.1 に示す．図 4.1(a) に示すように端子電圧 V を一定に保てばトルクと回転数の関係は直線である．さらに端子電圧を $V_1 \to V_2 \to V_3$ のように変化させるとトルクの直線が移動する．すなわち端子電圧を高くすれば高速，高トルクの運転が可能になる．図 4.1(b) は回転数と電流の関係を示す．電流の増加により巻線抵抗 r による電圧降下が増加して回転数が低下する．電機子電流がゼロのとき，無負荷運転状態と考えられる．このときの回転数は V/K_E である．さらに図 4.1(c) にはトルクと電流の関係を示す．トルクは電流に比例している．このように永久磁石直流モーターは無負荷回転数が電圧に比例し，トルクが電流に比例するという性質をもっている．このため永久磁石直流モーターは制御が容易で制御用に広く使われている．

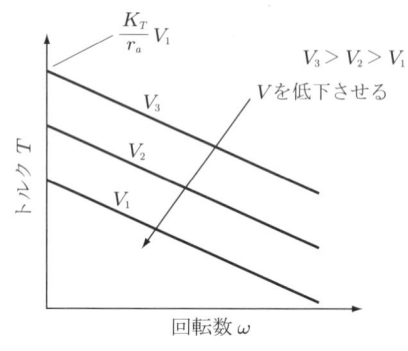

（a）回転数 - トルク特性

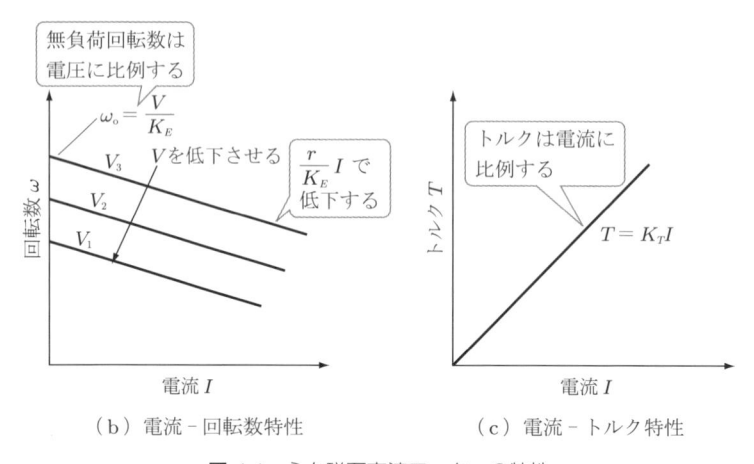

（b）電流 - 回転数特性

（c）電流 - トルク特性

図 4.1　永久磁石直流モーターの特性

4.1.2 直流モーターの制御

直流モーターの起電力定数 K_E，トルク定数 K_T の定義は次のように表される．

$$K_E = K_T = \frac{D\phi l}{2S},$$

この式は磁束 ϕ およびモーターの形状（l, D, S）によってこれらの定数が決まることを示している．すなわち，モーターの設計諸量である磁束密度，有効積厚，ギャップ半径などにより決まる．これは，磁束をいかに有効に使えるかの指標である．

回転数を制御するためには，その回転数で発生する誘導起電力に打ち勝つだけの電圧をモーターに与える必要がある．これは電圧制御である．一方，トルクの制御は所定の電流になるように電源電圧を制御することになる．すなわち電流制御である．

直流モーターの電圧または電流を制御するためにはチョッパが使われる．降圧チョッパの基本回路を図 4.2 に示す．この回路により出力の直流電圧の平均値 V_OUT は次のようになる．

$$V_\text{OUT} = d \cdot V_\text{IN}$$

ここで，d はデューティファクタとよばれる．d はスイッチ S が導通する時間の比率で，$1 > d > 0$ である．

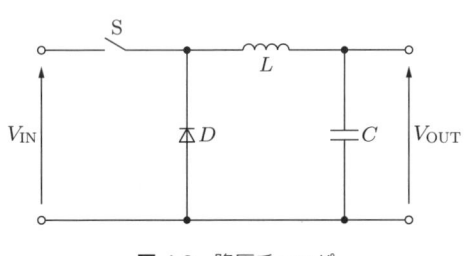

図 4.2　降圧チョッパ

整流回路のダイオードに代えて図 4.3 に示すサイリスタブリッジを整流回路として用いることも行われる．サイリスタを位相制御することにより整流と同時に直流電圧の制御も可能である．

以上のように直流モーターは端子の直流電圧を制御することにより回転数，トルクの制御が可能である．

4.1.3 交流モーターの制御

交流モーターの誘導起電力は次のように表される．

(a) 回 路　　　　　　　　(b) 電圧波形

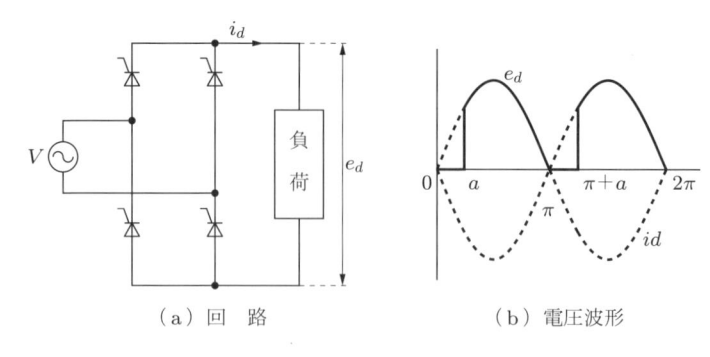

図 4.3　サイリスタブリッジ整流回路

$$E = 4.44 \cdot f \cdot \Phi_m$$

ここで，E は誘導起電力の実効値，f は周波数，Φ_m は磁束の最大値である．この式は交流モーターの誘導起電力は磁束に比例するばかりでなく，交流電流の周波数にも比例することを表している．誘導起電力はモーターが発生する磁束に比例するので E/f が一定値であれば磁束は一定であると考えることができる．

誘導モーターの回転数は次の式で表されるので，周波数を制御すれば回転数が制御できる．

$$N = \frac{120f}{P}(1-s)$$

ここで，N はモーターの回転数 ($\min^{-1}$)，f は電流の周波数 (Hz)，P はモーターの極数，s はすべりである．すべりは定格付近では通常 0.04 程度である．誘導モーターに周波数 f と電圧 V が比例するように (V/f 一定) 入力したときのトルク特性を図 4.4 に示す．周波数が変化してもトルクは大きく変化しないが，周波数が低いとややトル

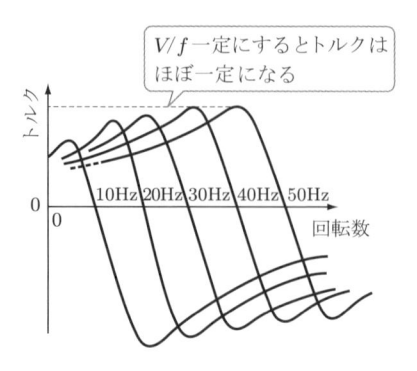

図 4.4　誘導モーターの V/f 一定制御

クが小さい．これは端子電圧 V が制御されているので，磁束が一定になっていないためである．

このことは，図 4.5 に示す誘導モーターの等価回路により説明できる．図において，$I_1(r_1 + X_1)$ による電圧降下が生じるため E は端子電圧 V よりも低い値となっている．周波数が変化しても電流 I_1 はあまり変化しないので V が低い低周波のときには電圧降下が大きくなり E が下がってしまい，トルクが小さくなる．V/f 一定では V が小さいとき，E が一定にならないのである．

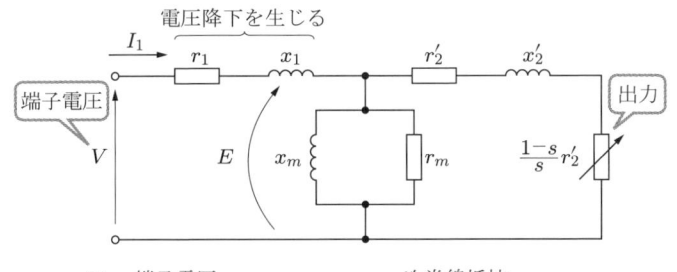

V ：端子電圧
E ：誘導起電力
I_1 ：線電流
x_m ：励磁リアクタンス
r_m ：鉄損抵抗
r_1 ：一次巻線抵抗
x_1 ：一次漏れリアクタンス
r_2' ：一次換算した二次抵抗
x_2' ：一次換算した漏れリアクタンス
s ：すべり

図 4.5　誘導モーターの等価回路

そのため誘導モーターの V/f 一定制御ではトルクブーストとよばれる制御が使われる．トルクブーストの原理を図 4.6 に示す．このように低周波数域で電圧を高く設定することにより周波数にかかわらず E を一定にすることができる．トルクブーストにより E/f 一定になるので磁束がほぼ一定になっている．しかし，トルクブーストしてもこのような制御は V/f 一定制御とよばれることが多い．

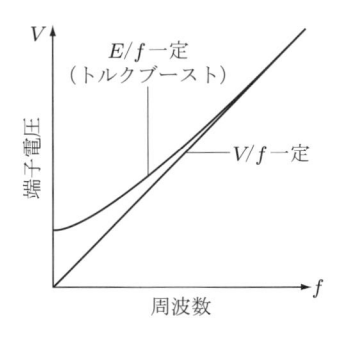

図 4.6　トルクブースト

V/f 一定制御は VVVF 制御（Variable Voltage Variable Frequency）ともよばれる．汎用インバータは VVVF 制御しやすいように種々の機能が付加されている．自動トルクブースト機能とは，自動的に端子電圧を高くして E/f 一定制御を保つ機能である．通常 VVVF 制御では電圧はフィードバック制御しないで周波数に比例した電圧を出力する．しかし，自動トルクブースト機能を使えば負荷のモーターが異なっても電圧を補償することができる．また，汎用インバータにはモーターの回転数を検出して，回転数のフィードバック制御や，すべり周波数制御などの機能も付けられていることが多い．

標準モーターを使用した場合，モーターの定格周波数は 50 または 60 Hz である．モーターは定格周波数で定格電圧を印加するように設計されている．したがって，60 Hz 以上の周波数で V/f 一定制御で高速運転しようとすると必要とする電圧が定格電圧以上になってしまう．モーターを過電圧状態で運転すると磁気飽和や絶縁などの問題が発生する．また商用電源の電圧以上の電圧が必要となる．そのため定格周波数以上の高速領域では一定電圧で周波数のみ変化させる．そのときの電圧およびトルクを図 4.7 に示す．V/f 一定制御が V 一定制御へ切り換わる周波数を基底周波数（base frequency, 基底回転数ともいう）という．V/f 一定制御ではモーターの発生トルクはほぼ一定であるが V 一定制御では周波数の上昇とともにトルクが減少する．この特性は定出力特性である．定出力特性は，直流モーターや同期モーターでは弱め磁束制御を行ったときに得られる特性である．

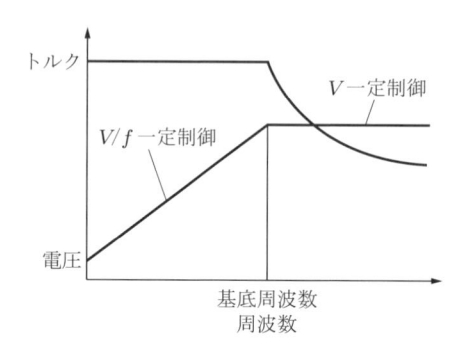

図 4.7 VVVF 制御

誘導モーターの始動電流は定格電流の 6〜8 倍程度である．したがって，インバータでいきなり運転周波数を印加するとインバータの定格電流以上が流れてしまう可能性がある．そのため，低周波から徐々に周波数を上昇させるソフトスタートを行う必要がある．また加減速時も周波数をゆっくり変化させる必要がある．周波数の変化速度はモーターと負荷の慣性により決定する．負荷の慣性が大きいときはゆっくり加減

速する．なぜなら加速するためにはトルクが必要であり，急激な加速は過電流を招く．減速時にはモーターの運動エネルギーが回生電力となりインバータに戻る．この電力はインバータの直流回路のコンデンサを充電して直流電圧を上昇させる．急激な減速が必要な場合，回生抵抗により回生電力を消費させ，直流回路の電圧上昇を防ぐ必要がある．

以上述べたように，誘導モーターは電圧制御によりフィードバックなしで回転数が制御できるという使いやすさがある．しかし，誘導モーターのトルクを精密に制御するためには電流の制御が必要である．誘導モーターの電流制御については，次節で述べる．

4.2 モータードライブシステム

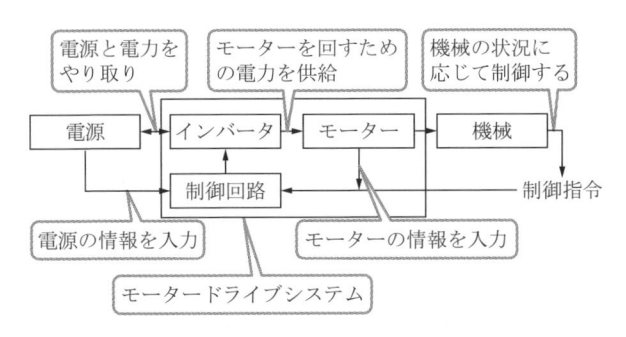

4.2.1 モータードライブシステムとは

モータードライブシステムはモーター，電力変換器および制御装置から構成される．交流モーターの制御をおもに扱うので，電力変換器をインバータとよぶ．図4.8にモータードライブシステムの基本構成を示す．モータードライブシステムは電源から電力を受け取り，負荷である機械を駆動するための電気的な処理をすべて行うシステムである．図に示すそれぞれのブロックは，制御信号やセンサー信号をやり取りするばかりでなく電力のやり取りも含まれている．

図4.8 モータードライブシステムとは

モータードライブシステムとは，このような個々のハードウェアを扱うばかりでなく，それらを複合的に扱う．さらに，制御法やソフトウェアまで含めた総合的な技術分野を示す言葉である．単にモーター制御というよりも広い範囲の概念を含んでいる．

4.2.2 サーボシステム

サーボシステムはモーターを駆動し，精密に制御するシステムであると考えてよい．

図 4.9 サーボシステム

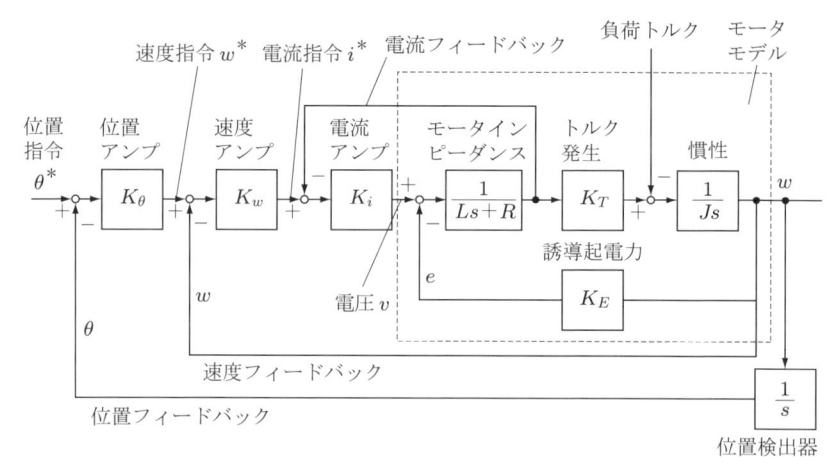

K_θ：位置アンプのゲイン　K_w：速度アンプのゲイン　K_i：電流アンプのゲイン

サーボ制御というのは目標とする値（回転数，トルクなど）が時々刻々と変化しても追従するような制御を指している．サーボシステムは精密な制御を目的としたモータードライブシステムであり，サーボアンプとモーターおよび制御用のセンサーから構成される．サーボシステムの基本形を図 4.9 に示す．

一般のサーボ制御系は位置フィードバックによる位置制御ループ，速度フィードバックによる速度制御ループ，電流フィードバックによる電流制御ループから構成されている．それぞれの制御周期は内側のループほど早い（周波数帯域が広い）．図において，誘導起電力のフィードバックが示されているが，これは制御ループではなく，電流アンプの制御により決まる出力電圧と誘導起電力の偏差が出力電流となることを表している．

サーボ制御の基本的な考え方は，位置の微分は速度であり（$v = dx/dt$），速度の微分が加速度である（$\alpha = dv/dt$）という運動方程式である．加速度は力であり（$f = m\alpha$），力は回転運動ではトルクに相当する．トルクと電流は比例するので（$T = K_T i$）トルクを制御するには電流を制御すればよい．

サーボアンプはモーター用のインバータのほかに，電流アンプ，速度アンプ，位置アンプなどの制御装置を組み込んだ装置である．サーボドライバともよばれる．またモーターに取り付けられた位置検出器は高精度なセンサーが用いられる．

速度制御する場合のサーボシステムを図 4.10 に示す．この図に示したモーターモデルは直流モーターのモデルである．誘導モーター，同期モーターなども制御モデルではこのブロック図で扱えるように直流モーターに換算したモデルを使って制御する．

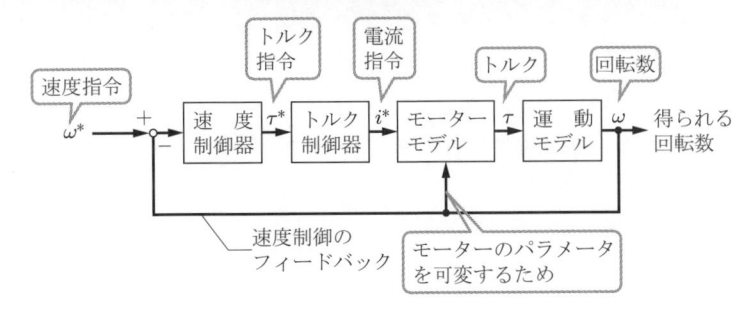

図 4.10 速度制御システム

4.2.3 電流制御

　交流モーターのトルクを制御するためには交流電流の制御が必要である．交流の電流源として機能するのは電流型インバータである．電流型インバータをPWM（Pulse Width Modulation）制御することにより出力電流を制御することができる．しかし，電流型インバータはリアクトルを電流源として使用するので大型でしかも重量が重い．一般に多く使われているのはコンデンサを電圧源に使った電圧型インバータである．ここでは，電圧型インバータによる電流制御について述べる．

　電圧源である電圧型インバータによる電流制御は電流を検出し，目標の電流指令値より大きければ電圧を下げ，小さければ電圧を上げる制御である．モーターに流れる電流値 i を検出して電流の指令値と実際の電流を比較し，瞬時の電流偏差を求める．しかし，この瞬時の電流偏差では電流の制御はできない．

　インバータのコンデンサは直流電圧源となる．インバータのスイッチングにより瞬時にスイッチが閉じられるとコンデンサの電圧は瞬時に出力される．しかし，電流は図 4.11 に示すようなモーターのインダクタンスにより RL 回路の過渡現象で立ち上がる．

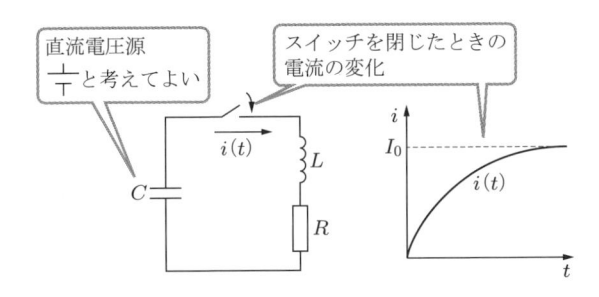

図 4.11　インダクタンスの過渡現象

このようにインバータのスイッチングにより電圧は瞬時に立ち上がるのに対して，モーターの電流は遅れて立ち上がる．そのため，検出した電流の瞬時の値を使ってその時点で指令電流との偏差を即刻計算したところで，正しい値は得られない．瞬時の偏差を補正するように電圧を調節しても電流がなかなか変化せず，望みの値にならずに，どんどん電圧の補正を強めていってしまうことになる．

したがって，電流誤差の積分を行う．ここでの積分とは一定時間間隔における指令値と実際の値の誤差の累積である．モーターの RL 回路の過渡現象を考慮して，ある時間間隔（積分時間）に累積した電流誤差に応じて出力電圧を調節するため，PI 制御を行う．

PI 制御のブロック図を図 4.12 に示す．K_p は比例ゲイン，T_I は積分時間とよばれる．入力信号を積分して出力する動作である．積分時間は当然，インバータのスイッチング周期より長くする必要がある．電流の応答はモーターのインダクタンスの影響を受ける．PI 制御の積分時間は系の応答性を考慮して，電流波形をいかに正弦波に近づけるか，という観点で決定される．

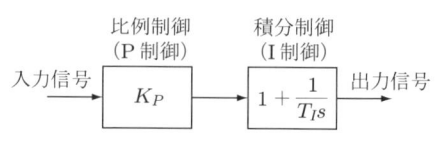

入力信号 → [比例制御 (P制御) K_P] → [積分制御 (I制御) $1 + \dfrac{1}{T_I s}$] → 出力信号

図 4.12 PI 制御

このような制御をするループを電流ループとよぶ．一般に電流ループは非常に高速に制御されるので，低速な制御ループの内側に配置される．そこで電流のマイナーループとよぶ場合もある．電流ループの役割は出力すべき基準波形（多くの場合は正弦波）に近似するように高速に制御することにある．PWM 制御の場合，電流制御ループは一つひとつの PWM パルスの幅を調節する．すなわちスイッチング周波数で電流が制御される．したがって，パワー半導体デバイスの速度が十分速くないと電流制御の精度を高くできない．

4.2.4 モータードライブシステムの性能指標

モータードライブシステムの性能を表す指標の一つに制御の応答性がある．高応答高精度の制御とは，指令値の変化にすばやく追従することである．指令値をステップ状に変化させたときのステップ応答を図 4.13 に示す．

ステップ応答の速さは制御系の応答周波数によって表される．図で示すように応答周波数が高いほどすばやく応答する．このような応答性を定量的に表すのが図 4.14 に

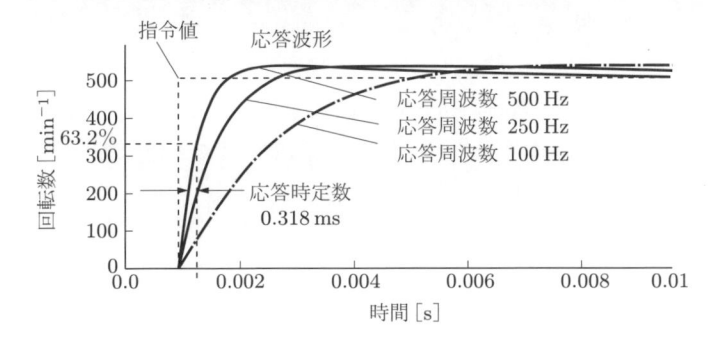

図 4.13 ステップ応答

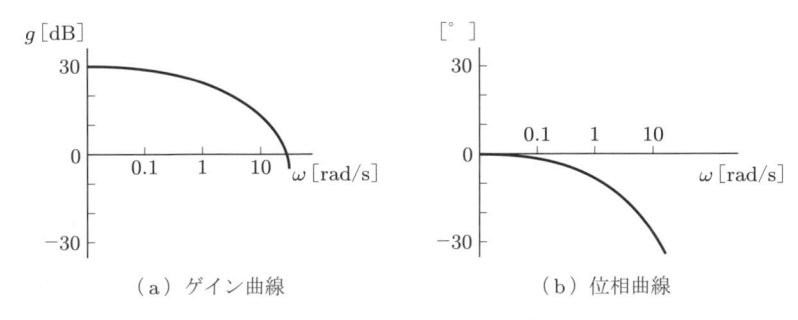

図 4.14 ボード線図の例

(a) ゲイン曲線

(b) 位相曲線

示すボード線図である．ボード線図は正弦波を入力させたときの入出力の振幅の変化と位相の変化を表す．それらが周波数でどのように変化するかを示したものである．ボード線図により応答特性を定量的に示すことができる．

4.3　ベクトル制御

電流制御が実際に使われる例として誘導モーターのベクトル制御がある．ベクトル制御はモーターをモデル化し，モデル上で固定子電流のベクトルと回転子磁束のベクトルの大きさと回転を制御することにより両者を常に直交させるという制御法である．制御モデル上では直流電流が流れる直流モーターと同じモデルを使い，直流電流を制御することにより直接トルクを制御する方法である．磁束ベクトルを制御するので，ベクトル制御とよばれている．

ベクトル制御を行うためには磁束ベクトルを検出する必要がある．さらに実際に流れているのは交流電流であり，それを直流電流に変換する必要がある．そのために必要な操作が座標変換である．モーターへ印加する電圧，電流は静止座標上で交流量である．これを回転する座標上で直流量として扱えるような座標変換を行う．やや複雑

な数式処理が必要である．

本書ではベクトル制御の考え方について座標変換を使わないで定性的に説明する．誘導モーターの簡略化した等価回路を図 4.15 に示す．ここで，$\dot{I}_m$ を励磁電流とよぶ．また，$\dot{I}_2$ をトルク電流とよぶ．このとき外部で観測可能な線電流 I_1 は図 4.16 に示すように，$\dot{I}_m$ と $\dot{I}_2$ のベクトル和となっている．

$$I_1 = \sqrt{I_m{}^2 + I_2{}^2}$$

等価回路において励磁電流の流れる回路とトルク電流の流れる回路の電圧が等しいので次の関係が求められる．

$$2\pi f_1 M I_m = I_2 \frac{R_2}{s}$$

ここで，f_1 は電源周波数である．

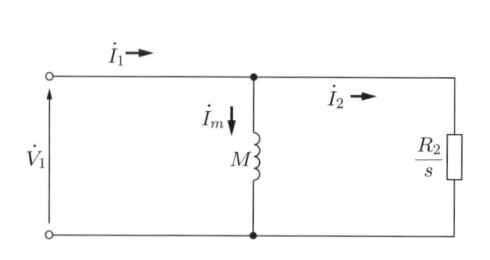

図 4.15　誘導モーターの簡略化した等価回路

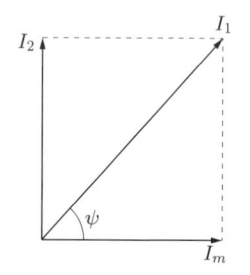

図 4.16　電流のベクトル図

誘導モーターのすべり周波数 f_s は

$$f_s = s \cdot f_1$$

なので，前式を使ってすべり周波数を表すと，

$$f_s = \frac{1}{2\pi\tau_2} \cdot \frac{I_2}{I_m}$$

となる．ここで，$\tau_2 = M/R_2$ であり，二次回路の時定数である．この二つの式からトルク電流 I_2 とすべり周波数が比例することがわかる．トルクは $T = k I_1 f_s$ の形で表される．つまり，すべり周波数を制御すればトルクが制御できることになる．なお，モーターの回転数を周波数 f_n で表すと，$f_1 = f_s + f_n$ である．したがって，モーターの回転数がわかれば f_1 を調節することにより任意のすべり周波数に制御できるので，トルクが制御できる．

ここまでは電流の大きさのみを制御するように説明してきた．この場合，図 4.17 に示すようにトルク電流と励磁電流の双方のベクトルが変化する．

磁束が一定になる条件，すなわちベクトル制御条件を成立させるには，次の式で示すように電流の位相を制御することが必要になる．

$$\psi = \tan^{-1} \frac{I_2}{I_m}$$

電流の位相を制御することにより図 4.18 に示すように，励磁電流は一定のままトルク電流のみ変化させることができるようになる．これがすべり周波数によるベクトル制御の原理である．

同様のベクトル制御はすべりのない同期モーターでも使われる．ベクトル制御についての詳細は専門書を参照いただきたい．

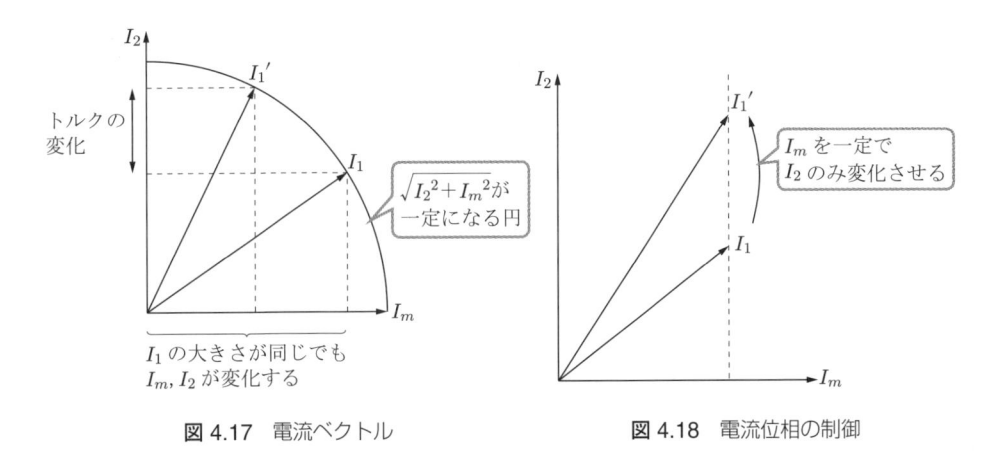

図 4.17　電流ベクトル

図 4.18　電流位相の制御

4.4　モータードライブシステムの選定

モータードライブを自ら設計製作しないで市販品を使う場合，カタログ等からモータードライブシステムを選定する必要がある．その際の選定法について説明する．

4.4.1　選定の基本

モータードライブシステムを選定する場合，駆動システムの基本的な機能を明確にする必要がある．基本的な機能とは，負荷が必要なトルクを供給できることである．このとき，どんな状態にあっても十分なトルクを供給できないと，信頼性，経済性などの問題が生じる．

さらにシステムの使用目的として動力用か制御用かを考える必要がある．動力用は負荷が必要とするトルクを供給するのが第一の目的であるが，制御用は動力も供給するがシステムの動作を問題にする必要がある．

4.4.2 動力用モーターの選定

まず，モーターで負荷を駆動するためにモーターを選定する方法と手順について述べる．

1. **負荷の決定：** モーターで駆動すべき負荷を明確化する．負荷の回転数，定格トルク，始動トルク，慣性など，さらに，特殊な負荷の場合，トルク脈動，始動頻度，瞬時負荷など明確化すべき項目が増えてくる．
2. **モーターの仮選定：** モーターの選定は基本的に負荷の必要とする動力（W）と回転数を満たすものを選ぶ．
3. **電気的仕様の確認：** 始動トルク，始動頻度，運転時間，温度上昇，始動方法などを満たすものであるか確認する．
4. **機械的仕様の確認：** 機械的に成立するか確認する．ラジアル方向およびスラスト方向の荷重の確認，寸法制限，軸振れ，振動，冷却法など．
5. **環境仕様の確認：** 温度（$-20 \sim 40°C$ を外れる場合），湿度，冷却水温度，雰囲気（危険ガス蒸気・塵埃），水滴・塵埃，標高（1000 m を超える場合）などの確認を行う．
6. **電源の確認：** 電源仕様（相数，電圧，周波数），変圧器容量，電圧変動幅，電圧降下などを確認する．またインバータ駆動する場合にはインバータ仕様との確認を行う．
7. **確認：** 仮選定したモーターが以上の条件を満たしているか確認する．不可の場合，モーターの機種変更を行う．

4.4.3 モータードライブシステムの選定

ここでは動力だけでなく制御も必要なモータードライブシステム（サーボモーター）の選定の手順を示す．

1. **負荷の決定：** モータードライブシステムで駆動するすべての部分の寸法，重量，摩擦力，外力などを求める．
2. **動作パターンの決定：** 駆動対象となる部分の動作パターン（時間と速度の関係）を決定する．次に，その動作パターンをモーター軸での動作パターンに換算する．
3. **負荷慣性の計算：** 動くすべての部分を慣性が計算できるように要素に分割する．分割した各部分の慣性を計算し，モーター軸に換算する．

4. **負荷トルクの計算**： 摩擦力，外力（重力など）を計算し，モーター軸でのトルクに換算する．ここまででモーター軸換算の全負荷トルクが得られる．
5. **モーターの仮選定**： 回転数および全負荷トルクからモーターを仮に選定する．
6. **加減速トルクの計算**： 負荷慣性および動作パターンから加減速に必要なトルクを計算する．
7. **瞬時最大トルクの確認**： 全負荷トルクと加減速トルクの合計が仮選定したモーターの瞬時最大トルクを超えてないかを確認する．
8. **実効トルクの確認**： 動作パターンによりモーターの実効トルク（平均トルク）を計算し，モーターの定格トルクを超えていないか確認する．
9. **回生エネルギーの計算**： 減速時の回生エネルギーを計算し，回生量を確認する．
10. **特性の確認**： 仮選定したモーターが以上の計算値を満たしているか確認する．不可の場合，モーターの機種変更を行う．

以上のほか，用途に応じて，停止位置の精度，回転数の精度などの確認も必要となる．

このような計算手順や必要な計算式は各モーターメーカーから公開されており，自動的に選定できるソフトも公開されている．

4.4.4　モータードライブシステムの選定例

ここでは次のような用途に使うモータードライブシステムの選定例を示す．

[対象とするシステム]

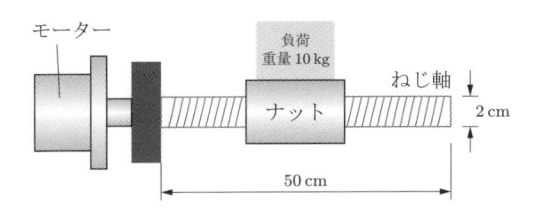

ボールねじを駆動し，テーブル上の対象物を移動させる．対象とするシステムを図 4.19 に示す．

図 4.19　対象とするシステム

1. **機構部**

　　　移動部分の質量：$W = 10\,\mathrm{kg}$
　　　ボールねじの長さ：$B_L = 0.5\,\mathrm{m}$
　　　ボールねじの直径：$B_D = 0.02\,\mathrm{m}$
　　　リード（ねじ 1 回転でナットが移動する長さ）：$B_P = 0.02\,\mathrm{m}$

モーターとねじを接続する継手の慣性モーメント：$J_C = 10 \times 10^{-6}\,\mathrm{kgm^2}$
ボールねじの効率：$B_\eta = 0.9$

2. 動作パターン

図 4.20 に示すように 0.7 秒で加速後，一定速で 1.3 秒移動し，0.7 秒かけて停止する．停止時間 1.3 秒の経過後同じパターンで逆方向へ移動する．この間に 0.3 m 移動させる．

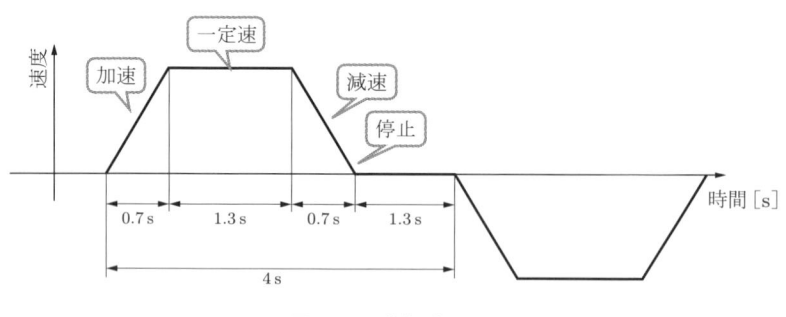

図 4.20 動作パターン

[選定のための計算]

1. 負荷の計算

① ボールねじのねじ軸の質量を求める．

$$W_B = \rho \pi \left(\frac{B_D}{2}\right)^2 B_L = 7.9 \times 10^3 \times \pi \times \left(\frac{0.02}{2}\right)^2 \times 0.5 = 1.24\,\mathrm{kg}$$

② モーター負荷の慣性モーメントを求める．モーターから見た慣性モーメントは継手の慣性モーメント J_C，ねじ軸の慣性モーメント J_B およびワークの慣性モーメント J_W の和である．

$$\begin{aligned}
J_L &= J_C + J_B + J_W = J_C + \frac{1}{8} B_W \cdot B_D{}^2 + \frac{W \cdot B_P{}^2}{4\pi^2} \\
&= 0.00001 + \frac{1}{8} \times 1.24 \times 0.02^2 + \frac{10 \times 0.02^2}{4\pi^2} \\
&= 1.73 \times 10^{-4}\,\mathrm{kgm^2}
\end{aligned}$$

③ 求めた慣性モーメントよりも許容慣性モーメントが大きいモーターを仮に選定する．

2. モーター特性の計算

①負荷の移動最高速度を計算する．移動すべき距離から負荷の最高速度 V_max を求める．

$$\text{移動距離} = \frac{1}{2} \times \text{加速時間} \times V_\mathrm{max} + \text{一定速度時間} \times V_\mathrm{max} + \frac{1}{2} \times \text{減速時間} \times V_\mathrm{max}$$

$$\frac{1}{2} \times 0.7 \times V_\mathrm{max} + 1.3 \times V_\mathrm{max} + \frac{1}{2} \times 0.7 \times V_\mathrm{max} = 0.3 \text{ より}$$

$$V_\mathrm{max} = 0.15\,\mathrm{m/s}$$

となる．

②移動速度を回転数に変換する．ボールねじのリード（1回転で移動する距離）$B_P = 0.02\,\mathrm{m}$ より

$$n = \frac{0.15}{0.02} = 7.5\,\mathrm{s}^{-1}$$

$$N = 7.5 \times 60 = 450\,\mathrm{min}^{-1}$$

となる．選定したモーターの最高回転数以下であることを確認する．

③加速トルクを算出する．走行に必要なトルク T を求める．ここで F は外力であり，ゼロとする．

$$T = \frac{B_P}{2\pi B_\eta}(\mu g W + F) = \frac{0.02}{2\pi \times 0.9}(0.1 \times 9.8 \times 10 + 0) = 0.035\,\mathrm{Nm}$$

加速時に必要なトルク T_a は走行トルク＋加速トルクで求める．

$$T_a = \frac{J_L \times 2\pi N}{\text{加速時間}} + T = \frac{1.73 \times 10^{-4} \times 2\pi \times 7.5}{0.7} + 0.035$$

$$= 0.012 + 0.035 = 0.047\,\mathrm{Nm}$$

このトルクがモーターに必要とされる最大トルクなので，モーターのトルクを確認する．

なおこの場合，減速トルク T_d は次のように求める．

$$T_d = \frac{J_L \times 2\pi N}{\text{減速時間}} - T = 0.012 - 0.035 = -0.023\,\mathrm{Nm}$$

上式も同一数値である．減速率が大きいときは減速トルク，および回生能力の確認が必要である．

④平均トルクの確認

$$T_{rms} = \sqrt{\frac{T_a{}^2 \times 加速時間 + T^2 \times 定速時間 + T_d{}^2 \times 減速時間}{サイクルタイム}}$$

$$= \sqrt{\frac{0.047^2 \times 0.7 + 0.035^2 \times 1.3 + (-0.023)^2 \times 0.7}{4}} = 0.03\,\mathrm{Nm}$$

このトルクがモーターの許容トルクを超えていないことを確認する．

3. 確認

以上の計算で問題があった場合，モーターを再選定する．以上のほか，用途に応じて，停止位置の精度，回転数の精度などの確認も必要となる．

各種資格試験の出題例

本章に関する内容は，以下のようにさまざまな資格試験で取り上げられている．問題によっては，本書の内容をこえるものがあるが，本書の説明でもある程度は理解できるはずである．ぜひ本書をスタートにそれぞれの専門書等で勉強を深めこれらの資格に挑戦してほしい．解答と出典は巻末を参照のこと．

4.1　インバータ（逆変換装置）の記述として，正しいものは．
（イ）交流電力を直流電力に変換する装置
（ロ）直流電力を異なる直流の電圧，電流に変換する装置
（ハ）直流電力を交流電力に変換する装置
（ニ）交流電力を異なる交流の電圧，電流に変換する装置

(第一種電気工事士　筆記試験)

4.2　電気車を駆動する電動機として，直流電動機が広く使われてきた．近年，パワーエレクトロニクス技術の発展によって，電気車用駆動電動機の電源として，可変周波数・可変電圧の交流を発生することができるインバータを搭載する電気車が多くなった．そのシステムでは，構造が簡単で保守が容易な　ア　三相誘導電動機をインバータで駆動し，誘導電動機の制御方法として滑り周波数制御が広く採用されていた．電気車の速度を目標の速度にするためには，誘導電動機が発生するトルクを調節して電気車を加減速する必要がある．誘導電動機の回転周波数はセンサで検出されるので，回転周波数に滑り周波数を加算して得た　イ　周波数で誘導電動機を駆動することで，目標のトルクを得ることができる．電気車を始動・加速するときには　ウ　の滑りで運転し，回生制動によって減速するときには　エ　の滑りで運転する．最近はさらに電動機の制御技術が進展し，誘導電動機のトルクを直接制御することができる　オ　制御の採用が進んでいる．また，電気車用駆動電動機のさらなる小形・軽量化を目指して，永久磁石同期電動機を適用しようとする技術的動向がある．

上記の記述中の空白箇所ア，イ，ウ，エ及びオに当てはまる語句として，正しいものを組み合わせたのは次のうちどれか．

	ア	イ	ウ	エ	オ
(1)	かご形	一次	正	負	ベクトル
(2)	かご形	一次	負	正	スカラ
(3)	かご形	二次	正	負	スカラ
(4)	巻線形	一次	負	正	スカラ
(5)	巻線形	二次	正	負	ベクトル

（第三種電気主任技術者　機械科目）

4.3　誘導電動機によって回転する送風機のシステムで消費される電力を考える．

誘導電動機が商用交流電源で駆動されているときに送風機の風量を下げようとする場合，通風路にダンパなどを追加して流路抵抗を上げる方法が一般的である．ダンパの種類などによって，消費される電力の減少量は異なるが，流路抵抗を上げ風量を下げるに従って消費される電力は若干減少する．このとき，例えば風量を最初の 50 [%] に下げた場合に，誘導電動機の回転速度は　ア　．

一方，商用交流電源で駆動するのではなく，出力する交流の電圧 V と周波数 f との比 $[V/f]$ をほぼ一定とするインバータを用いて，誘導電動機を駆動する周波数を変化させ風量を調整する方法もある．この方法では，ダンパなどの流路抵抗を調整する手段は用いないものとする．このとき，機械的・電気的な損失などが無視できるとすれば，風量は回転速度の　イ　乗に比例し，消費される電力は回転速度の　ウ　乗に比例する．したがって，周波数を変化させて風量を最初の 50[%] に下げた場合に消費される電力は，計算上で　エ　[%] まで減少する．

商用交流電源で駆動し，ダンパなどを追加して風量を下げた場合の消費される電力の減少量はこれほど大きくはなく，インバータを用いると大きな省エネルギー効果が得られる．

上記の記述中の空白箇所ア，イ，ウ及びエに当てはまる語句又は数値として，正しいものを組み合わせたのは次のうちどれか．

	ア	イ	ウ	エ
(1)	トルク変動に相当する滑り周波数分だけ変動する	1	3	12.5
(2)	風量に比例して減少する	$\frac{1}{2}$	3	12.5
(3)	風量に比例して減少する	1	3	12.5
(4)	トルク変動に相当する滑り周波数分だけ変動する	$\frac{1}{2}$	2	25
(5)	風量に比例して減少する	1	2	25

（第 3 種電気主任技術者　機械科目）

4.4　誘導電動機の1次電圧制御とVVVF制御を比較し，VVVF制御が省エネルギーになる理由を説明せよ．

(技術士第二次試験　電気電子部門　電気応用科目)

4.5　交流電動機を電力変換器で制御する場合のトルク制御と速度制御についてそれぞれ説明し，その違いをブロック線図を用いて説明せよ．さらに，制御に必要なセンサを2つ挙げ，それぞれの機能及び原理を説明し，この様なシステムにおけるセンサの信頼性についてあなたの考えを述べよ．

(技術士第二次試験　電気電子部門　電気応用科目)

4.6　次の文章は，三相誘導電動機の速度制御に関する記述である．文中の　　　　に当てはまる最も適切なものを解答群の中から選びなさい．

　三相誘導電動機の可変速制御方式として，三相電圧形PWMインバータを用いたV/f制御が広く用いられている．誘導電動機の回転磁界の回転速度と回転子の回転速度はほぼ等しいので，回転磁界の回転速度を調節することによって，回転子のおおよその回転速度を制御することができる．

　V/f制御では，可変速制御を行う際に，目標とする回転子の回転速度が変化しても，一次電圧と　1　との比率を一定に制御する．これによって，回転子の回転速度にかかわらず，回転磁界を発生するための　2　の振幅をほぼ一定に保つことができる．このとき，二次巻線に誘導する起電力及び二次漏れリアクタンスは　3　に比例する．その結果，回転磁界の回転速度が変化しても，トルクと　3　との関係はほとんど変わらない．

　実際の誘導電動機にV/f制御を適用する場合，低速領域ではトルクの低下が生じる．これは，誘導電動機の　4　による電圧降下に起因するものであり，この電圧降下の補償制御が必要になる場合もある．

　また，高速領域では，インバータの出力電圧が飽和し，V/f制御の比率を一定に制御できない場合がある．このような場合，一次電圧を一定にして回転子の回転速度を増加させる制御方法がある．一次電圧を一定としたとき，滑り周波数が一定であれば，誘導電動機のトルクは回転子の回転速度に対しておおよそ　5　の関係となる．

(問1の解答群)
(イ) 回転子の回転速度　　(ロ) スイッチング周波数　　(ハ) 一次電流
(ニ) 反比例　　　　　　　(ホ) 一次周波数　　　　　　(ヘ) 二次巻線抵抗
(ト) 滑り周波数　　　　　(チ) 滑り　　　　　　　　　(リ) 平方根に反比例
(ヌ) 励磁電流　　　　　　(ル) 漏れインダクタンス　　(ヲ) 二次電流
(ワ) 一次巻線抵抗　　　　(カ) キャリア周波数　　　　(ヨ) 2乗に反比例

(第二種電気主任技術者一次試験　機械科目)

4.7　次の文章の　1　～　8　の中に入れるべき最も適切な字句を（　1　～　8　）の解答群から選び，その記号を答えよ．なお　1　は3箇所，　2　は2箇所あるが，それぞれ同じ記号が入る．

　かご形誘導電動機はインバータ装置を使用することにより，容易に可変速運転が

行える．インバータ装置の主回路部は，____1____，直流中間回路（平滑回路），及び____2____から構成される．

通常，汎用インバータの____1____はダイオードで構成された整流回路で，直流中間回路の電圧を調整する機能は持たず，____2____では出力電圧を変えるために____3____変調方式が採用される．

汎用インバータでかご形誘導電動機の速度を変化させるための制御方式としては，回転速度を検出する必要がなく，簡便な____4____がある．この方式は電動機の回転速度を検出しないため，加速率を制限し，滑りが大きくなり過ぎないようにする____5____機能が組み込まれる．

一方，クレーンなどの巻上装置にインバータ装置を使用する場合は，トルク制御が容易に行える____6____方式が必要となる．また，巻上装置では吊荷を巻き下げるときに，直流中間回路に負荷からのエネルギーが流入することになる．このときに生じる過電圧を防止するために，半導体スイッチと____7____から成る放電回路を付加するか，交流電源への____8____機能を有する____1____に変更するなどの考慮が必要となる．

（____1____〜____8____の解答群）

(ア) AM   (イ) FM   (ウ) PCM
(エ) PWM   (オ) V/f 制御   (カ) ベクトル制御
(キ) 二次抵抗制御 (ク) 効率制御   (ケ) ストール防止
(コ) トルクブースト (サ) 力行   (シ) 回生
(ス) 遮断   (セ) リアクトル   (ソ) 抵抗器
(タ) 逆変換回路   (チ) 順変換回路   (ツ) アクティブフィルタ
(テ) サイクロコンバータ

（エネルギー管理士（電気分野））

COLUMN

ボールねじのしくみ

　ボールねじとは，回転運動と直線運動を変換する機構です．図に示すように回転するねじ軸と直線方向に移動するナットで構成されています．ねじ軸とナットの間には多くの鋼球があり，これが回転して移動します．鋼球は無限軌道で循環します．ボールねじの伝達の原理は転がり軸受けと同じです．ボールねじは非常に摩擦が少ないので，高効率に運動を変換できるのが特徴です．

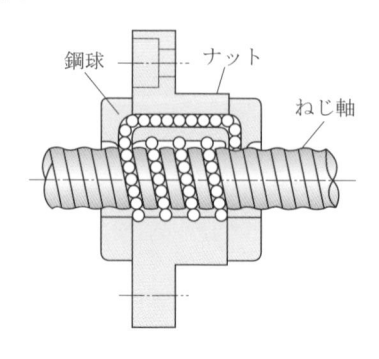

図　ボールねじの構造

5 電気化学と電気エネルギーの貯蔵

本章では，電流の化学作用を利用した電気エネルギーの応用について述べる．電流が流れるということは，導体の内部を電子が移動していることである．電流の化学作用とは，この電子の移動やイオンの移動を利用するものである．なお，半導体の動作や作用も内部の電子などの移動を利用している．

5.1 電気化学の基本

電気化学とは，物質間の電子やイオンの移動により生じる現象を扱う化学の分野を指す．カエルの脚に2種類の金属を取り付けると脚が痙攣することをガルバーニが発見した．このような実験により電気と化学が関連することが明らかになり，ボルタ電池の発明へとつながった．

電気化学の基本は物質の間での電子のやり取りである．物質が電子を失うことを，物質は酸化されたという．逆に物質が電子を取り入れたとき，物質は還元されたという．酸化と還元は電子のやり取りを指している．

いま，フッ素と水素による次の化学反応を考えてみる．

$$H_2 + F_2 \rightarrow 2HF$$

この反応をさらに分析すると次のようになる．水素は電子を放出し，水素イオンになる．これが酸化反応である．

$$H_2 \rightarrow 2H^+ + 2e^-$$

還元反応は，フッ素と電子が結合することによりフッ素イオンに変化することである．

$$F_2 + 2e^- \rightarrow 2F^-$$

これを使うと次のように書き表すことができる．水素は酸化され，フッ素が還元され，それぞれがイオンとなる．イオンどうしが結合してフッ化水素となる．

$$H_2 + F_2 \rightarrow 2H^+ + 2F^- \rightarrow 2HF$$

酸化や還元のされやすさはイオン化傾向で表される．イオン化傾向とは元素をイオ

ンになりやすい順に並べたものである．イオン化傾向が高いほど，電子を放出しやすい，すなわち，酸化しやすいことを示す．イオン化傾向の順序は電極電位の大きさの順である．電極電位とは，電極と電解質溶液との間の接触電位差である．水素電極の電極電位を標準として，ゼロとする．電極電位がマイナスのものは電子を放出し，酸化しやすい．電極電位がプラスのものは電子を吸収し，還元しやすい．表5.1にいくつかの金属のイオン化傾向と電極電位を示す．

表5.1 イオン化傾向と電極電位

元素	元素記号	標準電極電位[V]
リチウム	Li	-3.04
カリウム	K	-2.93
カルシウム	Ca	-2.76
ナトリウム	Na	-2.71
マグネシウム	Mg	-2.356
アルミニウム	Al	-1.662
マンガン	Mn	-1.185
亜鉛	Zn	-0.762
クロム	Cr	-0.744
鉄	Fe	-0.447
カドミウム	Cd	-0.403
コバルト	Co	-0.28
ニッケル	Ni	-0.257
スズ	Sn	-0.138
鉛	Pb	-0.1262
（水素）	（H）	0.00
銅	Cu	$+0.342$
水銀	Hg	$+0.796$
銀	Ag	$+0.800$
白金	Pt	$+1.118$
金	Au	$+1.498$

イオン化傾向が低い金属イオンを含む水溶液にイオン化傾向の高い金属単体を浸したとする．このとき，イオン化傾向の高い金属単体は酸化され溶解し，水溶液中のイオン化傾向の低い金属イオンが還元され表面に析出する．これがめっきの原理である．めっき，精錬などの金属加工はイオン化傾向の違いを利用している．

ボルタ電池は電解液に正負の電極を浸したものである．図5.1にボルタ電池の原理を示す．正極には銅板を用いる．負極には亜鉛板を用いる．電解液は硫酸である．正極，

5.1 電気化学の基本

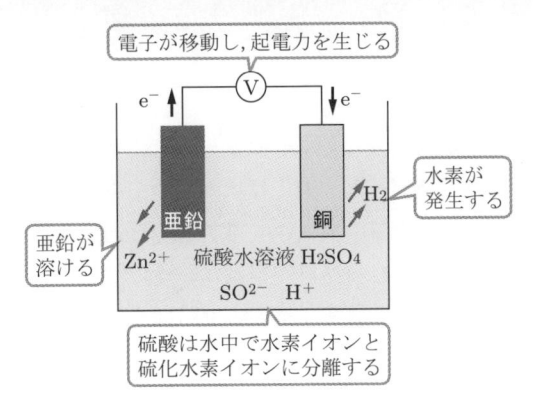

図 5.1 ボルタ電池

負極とも金属なので，溶液中ではイオン化できるはずである．しかし，亜鉛 ($-0.762\,\mathrm{V}$) は銅 ($0.342\,\mathrm{V}$) よりイオン化傾向が高い．そのため，亜鉛は電子を放出しイオン化するが，銅はイオン化しない．

$$\mathrm{Zn} \rightarrow \mathrm{Zn}^{2+} + 2\mathrm{e}^-$$

イオン化するということは亜鉛板が溶けるということである．亜鉛イオン Zn^{2+} は電解液中に溶け込んでゆく．亜鉛の極板には電子が残り，たまってしまう．電子が過剰なので亜鉛板の電位が低くなる．銅板は相対的に電位が高くなるので，銅板が正極になる．

外部に回路を接続すると負極の亜鉛板から導線を通して送られた電子は，正極の銅板まで移動する．銅の極板には電子がたまり，銅板がマイナスに帯電する．帯電すると，溶液中の水素イオン H^+ はプラスなので引き寄せられる．引き寄せられた水素イオンは銅板の電子を受け取って単体の水素になる．

$$2\mathrm{H}^+ + 2\mathrm{e}^- \rightarrow \mathrm{H}_2$$

以上をまとめて，負極と正極の反応を表すと次のようになる．

$$負極 : \mathrm{Zn} \rightarrow \mathrm{Zn}^{2+} + 2\mathrm{e}^-$$

$$正極 : 2\mathrm{H}^+ + 2\mathrm{e}^- \rightarrow \mathrm{H}_2$$

この反応の面白いところは，銅板は単なる電子の受け渡しにしか使われていないことである．反応式には銅は出てこない．しかし，ほかの金属ではうまくゆかない場合が多い．このあたりの反応式に現れない点があることが電気化学の難しい点である．

ここで示したボルタ電池の起電力は $1.1\,\mathrm{V}$ である．これは銅と亜鉛の電極電位の差

である．

$$-0.762 - 0.342 = -1.1 \quad \text{V}$$

このような電極反応を定量的に表したものに電気分解に関するファラデーの法則がある．電気分解に関するファラデーの法則には次の二つがある．

第一法則：電極に析出される物質の質量は，電解液中を通過した電気量に比例する．
第二法則：同じ電気量で析出される物質の質量は，その物質の化学当量に比例する．

この二つの法則を合わせて式で表すと次のようになる．

$$w = \frac{1}{F} \cdot \frac{m}{n} \cdot I \cdot t$$

ここで，w は析出する物質の質量 [g]，F はファラデー定数 [C/mol]，m は原子量 [g/mol]，n は原子価，I は電流 [A]，t は時間 [s] である．

これにより，電気分解に関しての電流値と使用する元素との関係を数値的に表すことができる．

POINT

電気と化学に関連する単位の換算

$1\,\text{amp}(\text{A}) = 1\,\text{Coulomb/sec}\,(\text{C/s})$
$1\,\text{Faraday (F)} = 1\,\text{mol}$ の電子がもつ電荷（e^-）$= 96475\,\text{Coulomb (C)}$
ファラデー定数 9.648×10^4 [C/mol] または 27 [Ah/mol]

5.2 めっきと電気分解

電気分解とは，物質に電圧をかけることにより，酸化還元反応を引き起こして物質を化学的に分解することである．電解ともいう．逆に，酸化還元反応によって物質を合成することは電解合成とよばれる．塩素やアルミニウム，銅など，さまざまな化学物質は電気分解によって製造されている．

電気分解装置は電極，直流電源，電気分解する物質を入れる電解槽（電解セル）で構成される．電解液には分解したい物質を水などの溶媒に溶かした溶液が用いられる．工業的には加熱して融解させた溶融塩が用いられることもある．電気分解に必要な電源電圧は，目的物質の電極電位や液体の電気抵抗から決まるが，一般的には 10 ボルト以下の電圧である．

5.2.1 めっき

めっきとは，金属などの材料の表面に金属の薄膜を被覆する（成膜）表面処理であ

る．成膜法には，電気を使わずに，化学反応のみを利用したもの（化成）や真空蒸着などがある．ここでは電気めっきについて述べる．電気めっきは直流電源による電気分解を利用した成膜である．外部の電源を用いずに，めっき液中に添加した還元剤の酸化反応にともない供給される電子により金属薄膜を形成する無電解めっきもある．

電気めっきの原理を図 5.2 に示す．表面に銅を成膜するのを銅めっきという．銅めっきは，硫酸銅と硫酸の水溶液中にめっき材料である銅（正極）とめっきを施す対象物（負極）を電極として浸し，外部から直流電流を流すことにより成膜する．溶液中では硫酸銅と硫酸はそれぞれ，Cu^{2+}，H^+，HSO_4^-，SO_4^{2-} のイオンとして存在している．外部から電流を流すと，対象物である負極に電子が運ばれる．電子の電荷により溶液中の Cu^{2+} イオンが引き寄せられ，電極表面で還元される（電子を吸収する）ので電極表面に銅が析出する．このように銅の皮膜が形成される．

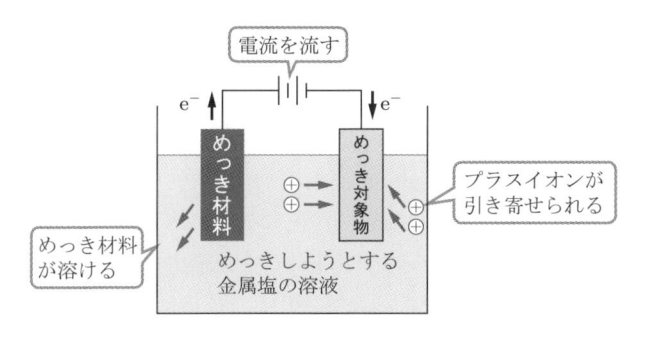

図 5.2　電気めっきの原理

一方，めっき材料である銅（正極）では逆の現象がおこる．銅の表面ではイオン化反応がおこり，銅は Cu^{2+} イオンとして溶液中に溶け出す．電極には電子が残る．外部回路を接続すれば電子は導線を経て電源の端子に向かう．

このように電気めっきは，外部に直流電源を接続するだけで可能である．ただし，めっき対象物が電極としてはたらくので，対象物は導体に限定される．また，電流は電極表面の等電位面に垂直に流れるので電極面上での電流分布は不均一である．電流密度が異なると皮膜の厚さは異なる．凹凸がある複雑な形状の対象物の場合，電流分布がさらに不均一になり，電流密度の高い凸部では皮膜が厚くなり，電流密度の低い凹部では皮膜が薄くなる．電気めっきにより均一な厚さの皮膜を形成するには特別の工夫が必要である．

銅のほか，ニッケル，クロム，亜鉛，スズ，銀など多くの材料のめっきが行われている．鋼板を連続的にめっきする装置の例を図 5.3 に示す．

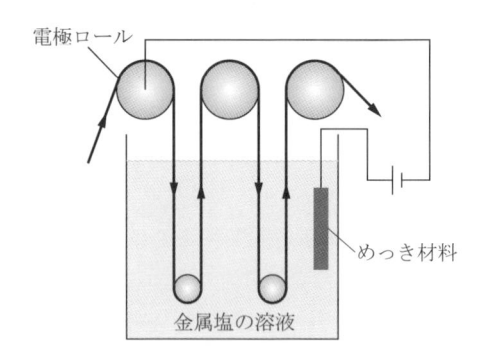

図 5.3　連続的電気めっき装置の例

5.2.2　電気分解

電気分解を利用することにより，自然界では化合物として存在している元素を単体として取り出すことができる．天然の原料から純粋な金属を得るために電気分解が使われている．このように電気分解により金属を取り出すことを電解精錬という．電解精錬とは，目的とする金属をイオンとして含む水溶液から電気分解により析出させることである．銅のほか，銀，金，錫（スズ），鉛，ニッケルなどでも行われる．

銅の製造を例にして説明する．自然界に存在する銅鉱石は硫黄との化合物である．そのため，まず 2000 ℃ 程度の高温で還元して硫黄を分離する．これを粗銅（純度 98%）とよぶ．粗銅は希硫酸水溶液中で電気分解される．正極には粗銅を用いる．負極の表面には銅（純度 99.99%：電気銅とよぶ）が析出する．負極に析出した銅は精錬されている．銅を電極からはがして利用する．銅の電極電位は 0.342 V である．精錬電圧がこれより高いと，正極から銅よりもイオン化傾向の小さな金属までが溶けだしてしまう．また，負極にその金属が析出してしまい，生成される銅の不純物となる．電解精錬においては電圧の制御は非常に重要である（図 5.4）．

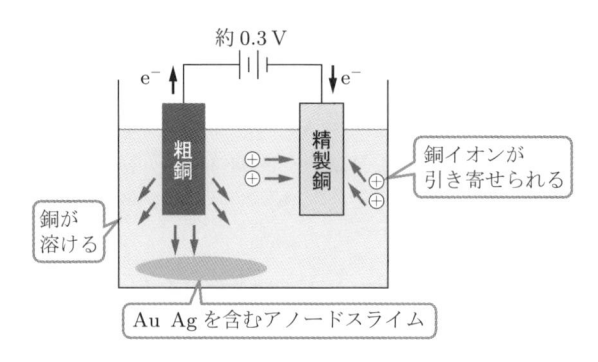

図 5.4　銅の電解精錬

電解精錬した後に残る固形物をアノードスライムという．アノードスライムには天然鉱石にもともと存在していた金，銀，白金などが含まれているため，銅の精錬としてではなく，それらの貴金属の精錬法としても使われる．電解精錬は電極の表面でのみ反応する．したがって，大きな電流を流しても，精錬する速度は遅い．工業的には10日程度の電解をしないと製品レベルの厚さが得られないといわれている．

アルミニウムの製造にも電解精錬が使われる．ボーキサイトとよばれる鉱石中の酸化アルミニウム（アルミナ）をまず，アルカリで溶解・抽出して取り出す．取り出された酸化アルミニウムを電気分解することによりアルミニウムを得る．これを電解浴とよぶ．アルミナの融点は2000℃以上であるが電解浴は約1000℃の温度である．電解浴というのは，電気分解により固体のアルミナが融点以下の温度でも溶けるということである．得られたアルミニウムをさらに電解精錬することにより純度を上げ，精製する．アルミナの電解精錬を図5.5に示す．

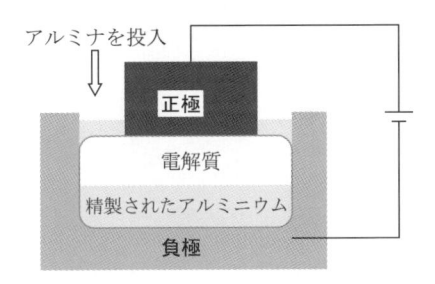

図 5.5　アルミニウムの電解浴

水の電気分解は水素の工業的製造法として実用化されている．しかし，純粋な水は電気分解できない．純水にはイオンは存在せず，イオンによる伝導がほとんどない．したがって，純水は絶縁物として利用されるほど抵抗率が非常に大きい．そのため，一般的には水酸化ナトリウムなどのアルカリ水溶液を電気分解する．水の電気分解は化石燃料を原料としていないので水素製造の際にCO_2が生じない[*1]．

水の電気分解の反応は，次のように説明されることが多い．

$$2H_2O \to 2H_2 + O_2$$

しかし，正確にはアルカリ水溶液を用いているので，次のように表される．水酸化ナトリウムが水溶液中で電離している．

$$NaOH \to Na^+ + OH^-$$

[*1] 化石燃料に含まれる水素を取り出す方法を改質という．改質により水素を作り出すとCO_2を排出してしまう．

水も同様に電離している．

$$H_2O \rightarrow H^+ + OH^-$$

負極（カソード）にプラスの電荷をもつ水素イオン H^+ が引き寄せられる．水素イオンは負極から電子を受けとる．そのため，負極から水素が発生する．ナトリウムイオン Na^+ もプラスに帯電しているので負極に引き寄せられるが，ナトリウムイオンは安定しているので，イオンのまま水溶液中に残る．一方，正極（アノード）には水酸イオン OH^- が引き寄せられる．水酸イオンは正極に電子をわたす．電子の放出により，水酸イオンは水と酸素に分解し，正極から酸素が発生する（図 5.6）．

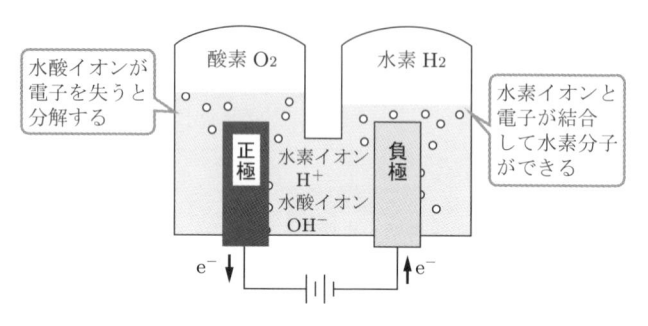

図 5.6 水の電気分解

水を電気分解すると，水の温度は下がる．これは電気分解が吸熱反応なので周囲の熱を吸収するからである．水の電気分解の逆方向の反応である燃料電池は，これと逆の発熱反応なので周囲に熱を放出する．これが燃料電池の発熱である．そのため，燃料電池は電気のほかに熱の併給（コジェネレーション）も可能である．水の電気分解は将来の水素エネルギー社会に向けて水素燃料製造の有力な方法といわれている．

5.2.3 電解加工

電解加工とは，電気分解を利用した対象物の部分的除去方法である．対象物を正極として電解液に浸す．負極との間に電解液を流しながら直流電圧をかけると，対象物がイオンとなり電解液に溶出する．図 5.7 に電解加工の原理を示す．非常に硬いものの穴あけや型彫りに使われる．

電解加工と同様な方法で表面を研磨することを電解研磨という．図 5.8 に電解研磨の原理を示す．電気分解では表面の微細な凹凸があったとき，凸部分が先に電気分解され，溶解する．これは電解液の厚さが薄いため，その部分の抵抗が小さく，電流が集中するためである．また，溶解と同時に酸化皮膜も生成される．酸化皮膜は電気抵

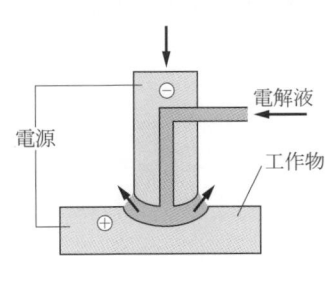

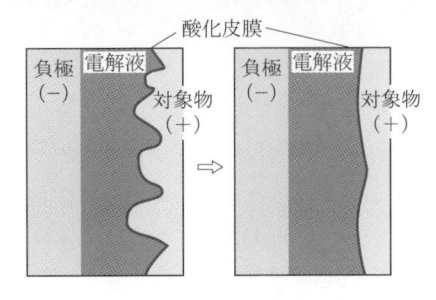

図 5.7　電解加工　　　　　図 5.8　電解研磨

抗が大きいため，酸化皮膜の厚みも均一化する．電解研磨により，表面が平滑になり，光沢が得られる．電解研磨はステンレスの研磨などに使われる．

5.3　電池

電池とは，ほかの形態のエネルギーを直流の電力に変換するものである．化学反応によるものを化学電池といい，熱や光といった物理現象を利用するものは物理電池という．ここでは化学電池についてのみ述べる．表 5.2 に電池の分類を示す．化学電池は正負の二つの電極とその間に充填された電解質から構成される．

表 5.2　電池の分類

大分類	種類	概要
化学電池	一次電池	化学エネルギーを電気エネルギーに一方向に変換することのみが一度だけ可能な電池．
	二次電池	内部の化学エネルギーを電気エネルギーに変換して放電し，逆方向に電流を流すことで，電気エネルギーを化学エネルギーに変換する充電が可能な電池．
	燃料電池	水素，メタノールなどの燃料を燃焼させて電力を得る発電装置．
	生物電池	生物の化学エネルギーを利用した電池．バイオ電池．
物理電池	太陽電池	光エネルギーを電気エネルギーに変換するエネルギー変換素子．
	熱電池	熱エネルギーを電気エネルギーに変換する電池．熱電素子．
	原子力電池	放射性元素が原子核崩壊をおこす際に生じるエネルギーを電気エネルギーに変換する電池．

5.3.1　一次電池

一次電池とは，放電のみ可能な電池である．内部の化学エネルギーを電気エネルギーに一度だけ変換することが可能な電池である．一次電池のうち，電解質を不織布（セパレーター）に染み込ませるなどの処理をして固体化したものを乾電池とよぶ．

最も一般的なマンガン電池について説明する．図 5.9 に示すようにマンガン電池は正極に二酸化マンガンを使っている．これが電池の半分以上を占めているため，マンガン電池とよばれている．負極は亜鉛を缶状にして，電池の容器を兼ねている．電池を使うに従い，電池缶の亜鉛が溶け出す．古い電池をいつまでも機器に入れっ放しにしておくと，容器に孔が開いて，液が漏れ出すのはこのためである．

このほか，一次電池にはアルカリマンガン乾電池，ニッケルマンガン電池，酸化銀電池，水銀電池などがある．

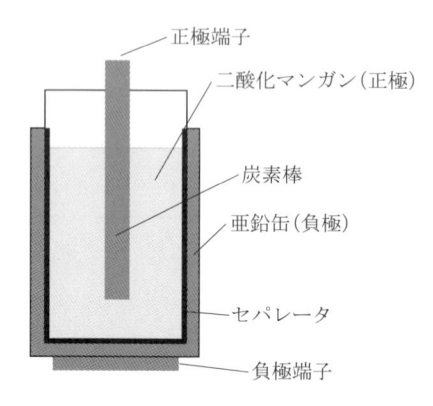

図 5.9 マンガン乾電池の構造

5.3.2 二次電池

二次電池とは，充電を行うことにより電気エネルギーを化学エネルギーに変換して蓄え，蓄えた化学エネルギーを放出することにより放電できる電池である．充電と放電を繰り返し使用することができる化学電池で，蓄電池ともいう．一次電池が化学エネルギーを電気エネルギーに変換する化学反応は，元の状態に戻ることのない「非可逆反応」である．これに対し，放電した電池に充電により再度電気エネルギーを与えると元の状態に戻る，「可逆反応」を利用しているのが二次電池である．

最も広く使われている鉛電池について説明する．鉛電池は図 5.10 に示すように正極が二酸化鉛 PbO_2，負極が鉛 Pb であり，その間の電解液には希硫酸 H_2SO_4 が使われている．鉛電池の内部での化学反応について放電を例にして説明する．

負極の鉛が電解液により電子を放出し（酸化），イオンになる．鉛イオンは硫酸イオンと結合する．このとき生成される硫酸鉛 $PbSO_4$ は白色の固体として負極極表面に析出する．

$$Pb + SO_4^{2-} \rightarrow PbSO_4 + 2e^-$$

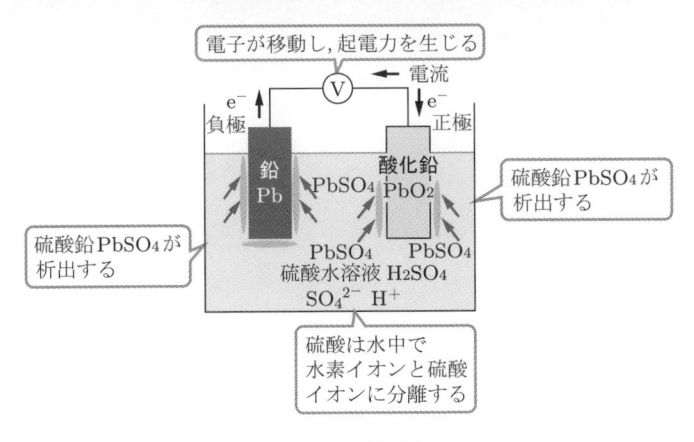

図 5.10 鉛電池

このとき放出された電子は外部の導体を経由して正極に向かう．つまり電流が流れる．正極の酸化鉛は導体から来た電子を吸収し（還元），鉛イオンとなる．鉛イオンは硫酸イオンと結合し，硫酸鉛 $PbSO_4$ となる．

$$PbO_2 + SO_4{}^{2-} + 4H^+ + 2e^- \rightarrow PbSO_4 + 2H_2O$$

したがって，放電により正極にも白色の固体である硫酸鉛 $PbSO_4$ が表面に析出する．
外部から放電電圧より高い電圧をかけると逆方向の反応がおこる．これが充電反応である．以上をまとめて書くと次のようになる．

$$Pb + PbO_2 + 2H_2SO_4 \underset{\text{充電}}{\overset{\text{放電}}{\rightleftarrows}} 2PbSO_4 + 2H_2O$$

鉛電池の電解液は放電によって水分が増加し硫酸の濃度が下がり，充電すると濃度が増加する．すなわち充電率に応じて硫酸濃度が変化する．硫酸濃度で充電率（SOC: State of Charge）がわかる．充電により得られる電圧は 2.03 V である．この 1 組の電池をセルとよび，セルを内部で複数個直列接続してバッテリユニットとして使用している．

このほか，二次電池にはさまざまなものがある．リチウムイオン電池，ニッケル・水素電池（NiH），ニッケル・カドミウム電池（NiCd），空気亜鉛電池などがある．
二次電池にはエネルギー源としての性能の指標がある．電池の重量または体積あたり，どれだけエネルギーが蓄積できるかが電池の性能を示す．

- 重量エネルギー密度（Wh/kg）
- 体積エネルギー密度（Wh/ℓ）

近年，電気自動車やハイブリッド自動車などで電池を使うことが多くなり，電池の

瞬発力である出力密度も問題にされるようになってきた．瞬時にどれだけの電力を入出力できるか，という指標である．自動車の場合，瞬発力とは加速性能および回生性能に関係する指標である．
- 重量出力密度（W/kg）
- 体積出力密度（W/ℓ）

出力密度が高いものとして電気二重層コンデンサが使われている．しかし，電気二重層コンデンサは電荷としてエネルギーを蓄積するため，大きなエネルギーは蓄積できず，エネルギー密度は低い．

5.4 電食

電食とは，地中または水中にある金属物体が電気分解により腐食される現象である．電解腐食の略語である．

金属は自然環境の中では金属の表面に酸化物ができ，腐食される．地中に埋設された金属はとくに強く腐食される．図 5.11 に示すように，3 枚の鉄板が地中にあるとする．これらが埋設からある程度，時間がたつと，(a) と (b) は腐食され，錆を生じるが，(c) は錆びないのである．

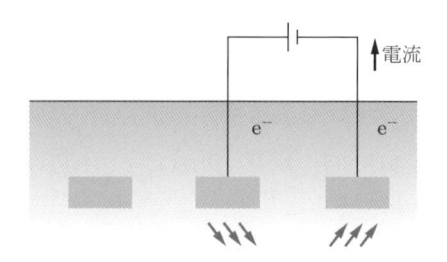

(a) 自然腐食　(b) 電食　(c) 電気防食

図 5.11 地中の金属の腐食

外部と電気的に接続されていない (a) は全体的に錆びるがその錆は (b) より少ない．これは自然腐食という．鉄板表面での微小な化学的な腐食と，バクテリアなどによるものである．(b) の腐食は (a) よりも激しい．これは外部から直流電流が流入すると，その電流が土壌中に流出するときに金属が電子を失い（酸化），金属がイオン化する．金属イオンは土壌に溶出する．このように外部から流れ込む直流電流によって金属がイオン化し，溶出することによっておこる腐食を電食という．このとき，(c) は腐食しない．これは (c) に外部回路から電子が供給され，金属が還元される．つまり，土壌から電流が流れ込むと金属が腐食されないのである．

このように直流電源を使って積極的に電流が流入するようにすれば電食を防ぐことができる．これが電気防食である．

電食の原因はさまざまあるが，直流の電気鉄道のレールから地中に流れ出す漏れ電流（迷走電流という．）は大きな原因の一つである．軌道と平行して水道管などの金属体が埋設されていると，漏れ電流はこの金属体を流れる．変電所や金属体と軌道の間の距離が変化する地点などで地中に流出し，軌道へ還流する．カーブなどの漏れ電流が流出する場所が腐食される．

このほか異種金属の接触面では電池が形成されることがある．この，電池の正極反応による腐食をガルバニック腐食といい，電食と同じように酸化還元反応が原因して生じる腐食である．

各種資格試験の出題例

本章に関する内容は，以下のようにさまざまな資格試験で取り上げられている．問題によっては，本書の内容をこえるものがあるが，本書の説明でもある程度は理解できるはずである．ぜひ本書をスタートにそれぞれの専門書等で勉強を深めこれらの資格に挑戦してほしい．解答と出典は巻末を参照のこと．

5.1　図は，鉛蓄電池の端子電圧・電解液比重の充電及び放電特性曲線である．組合わせとして，正しいものは．
　　イ．Ⓐ充電時　Ⓑ放電時　Ⓒ充電時　Ⓓ放電時
　　ロ．Ⓐ充電時　Ⓑ放電時　Ⓒ放電時　Ⓓ充電時
　　ハ．Ⓐ放電時　Ⓑ充電時　Ⓒ充電時　Ⓓ放電時
　　ニ．Ⓐ放電時　Ⓑ充電時　Ⓒ放電時　Ⓓ充電時

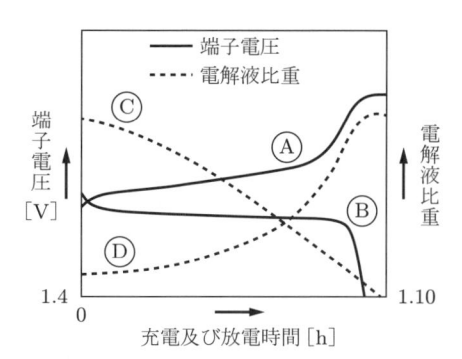

（第一種電気工事士　筆記試験）

5.2　食塩水を電気分解して，水酸化ナトリウム（NaOH，か性ソーダ）と塩素（Cl_2）を得るプロセスは食塩電解と呼ばれる．食塩電解の工業プロセスとして，現在，わが国で採用されているものは，　ア　である．

この食塩電解法では，陽極側と陰極側を仕切る膜に ｜ イ ｜イオンだけを選択的に透過する密隔膜が用いられている．外部電源から電流を流すと，陽極側にある食塩水と陰極側にある水との間で電気分解が生じてイオンの移動が起こる．陽極側で生じた ｜ ウ ｜イオンが密隔膜を通して陰極側に入り，｜ エ ｜となる．

上記の記述中の空白箇所ア，イ，ウ及びエに当てはまる語句として，正しいものを組み合わせたのは次のうちどれか．

	ア	イ	ウ	エ
(1)	隔膜法	陽	塩素	Cl_2
(2)	イオン交換膜法	陽	ナトリウム	NaOH
(3)	イオン交換膜法	陰	塩素	Cl_2
(4)	イオン交換膜法	陰	ナトリウム	NaOH
(5)	隔膜法	陰	水酸	NaOH

(第三種電気主任技術者 機械科目)

5.3 次の文章は，電気めっきに関する記述である．

金属塩の溶液を電気分解すると ｜ ア ｜に純度の高い金属が析出する．この現象を電着と呼び，めっきなどに利用されている．ニッケルめっきでは硫酸ニッケルの溶液にニッケル板（｜ イ ｜）とめっきを施す金属板（｜ ア ｜）とを入れて通電する．硫酸ニッケルの溶液は，ニッケルイオン（｜ ウ ｜）と硫酸イオン（｜ エ ｜）とに電離し，ニッケルイオンがめっきを施す金属板表面で電子を ｜ オ ｜金属ニッケルとなり，金属板表面に析出する．めっきは金属製品の装飾のほか，金属材料の耐食性や耐摩耗性を高める目的で利用されている．

上記の記述中の空白箇所ア，イ，ウ，エ及びオに当てはまる組合せとして，正しいものを次の (1)～(5) のうちから一つ選べ．

	ア	イ	ウ	エ	オ
(1)	陽極	陰極	負イオン	正イオン	放出して
(2)	陰極	陽極	正イオン	負イオン	受け取って
(3)	陽極	陰極	正イオン	負イオン	受け取って
(4)	陰極	陽極	負イオン	正イオン	受け取って
(5)	陽極	陰極	正イオン	負イオン	放出して

(第三種電気主任技術者 機械科目)

5.4 次の文章は，電気化学システムに関する記述である．文中の ｜　　｜ に当てはまる最も適切な語句を解答群の中から選びなさい．

電気エネルギーと化学エネルギーの直接変換を担う電気化学システムは，基本構成として電子伝導体である二つの電極とイオン伝導体である電解質とから構成されている．この二つの電極はアノードとカソードと呼ばれ，各々役目が異なる．アノードでは ｜ 1 ｜反応が起こり，電気分解の際には ｜ 2 ｜極となる．電解質としては酸又はアルカリの水溶液がよく知られており，鉛蓄電池では ｜ 3 ｜水溶液

が用いられている．電気化学システムには室温付近で運転するものに限らず，高温のシステムもある．1000[℃]付近で運転するアルミニウム電解においては，高温でのイオン性融体である 4 が利用されている．

　以上の電極，電解質といった基本要素のほか，二つの電極系の分離や二つの電極系の接触防止のために両極間に 5 が用いられることもある．

(解答群)

(イ) 陽	(ロ) 固体電解質	(ハ) 還　元	(ニ) アルカリ
(ホ) カソード	(ヘ) 酸　化	(ト) 硫　酸	(チ) カソライト
(リ) 塩　酸	(ヌ) セパレータ	(ル) アノライト	(ヲ) 中　和
(ワ) 陰	(カ) 溶融塩	(ヨ) 食　塩	

(第二種電気主任技術者一次試験　機械科目)

5.5　電食の原理を説明せよ．また，電気防食法を1つ挙げて説明せよ．

(技術士第二次試験　電気電子部門　電気応用科目)

5.6　蓄電池（二次電池）の代表的な種類を3つ挙げ，それらの特徴と適用例を述べよ．

(技術士第二次試験　電気電子部門　電気応用科目)

6 電気加熱

電気エネルギーを熱として利用し，対象物の温度を上昇させることを電気加熱とよぶ．電気加熱は燃焼による排気ガスがなく，しかも，温度の制御や調節がしやすいので古くから使われている．

6.1 熱の基本

ここではまず熱についての基本を簡単に述べる．

6.1.1 熱とは

熱とは，ある物体から別の物体への熱接触によるエネルギー伝達を示している．ある物体に熱力学的な仕事をすることにより，その物体に伝達されたエネルギーの量を熱量とよんでいる．熱はエネルギーそのものではなくエネルギー伝達を表している．しかし，熱量の単位はエネルギーの単位と同じジュール [J] である．かつては [cal] が使われていた．また，単位時間当たりに移動する熱量の単位はワット（W = J/s）である．

6.1.2 熱容量と比熱

ある物体の熱容量とは，その物体の温度を 1℃ 上昇させるのに必要な熱量である．物体に熱量 Q [J] を与えたとき，物体の温度が T [K] 上昇したとき，熱容量 C は次のように表すことがでる．

$$C = \frac{Q}{\Delta T} \quad 単位は [J/K] \quad または \quad [cal/K]$$

たとえば，水 100 g に 100 cal のエネルギーを与えると，水の温度は約 1 度上昇する．このとき，この 100 g の水の熱容量は約 100 [cal/K] である．水の量が 2 倍の 200 g では 100 cal のエネルギーを与えても 0.5 K の温度上昇しかしない．このとき，200 g の水の熱容量は 200 [cal/K] である．つまり，熱容量とは物質そのもので決まるのではなく，同じ物質では質量に比例するのである．逆にいうと，

$$\Delta T = \frac{Q}{C}$$

となるので，同じ熱量 Q を与えても，熱容量 C が大きいほど，温度変化が小さくな

る．つまり，熱容量が大きいとは，加熱しても温まりにくいことを示している．

単位量当たりの物質の熱容量を比熱とよぶ．比熱とは1g当たりの物質の温度を1度上げるのに必要な熱量である．つまり，物質1g当たりの熱容量が比熱である．比熱は物質により決まる量である．比熱が大きいということは温まりにくく，冷めにくいということである．

熱容量 C と比熱 c は次のような関係がある．

$$C = mc$$

ここで，C は熱容量 [J/K] または [cal/K]，m は質量 [g]，c は比熱 [J/(g·K)] または [cal/(g·K)] である．

表 6.1 に各種物質の比熱を示す．

表 6.1　各種物質の比熱 [J/(g·K)]

物質	比熱
水	4.217
氷	2.1
アルミニウム	0.880
鉄	0.435
銅	0.379
木材	1.250
ガラス	0.67

6.1.3　伝　熱

温度差や温度勾配があると熱が移動する．これを伝熱という．伝熱には，熱伝導，熱伝達，熱放射がある．

(1) 熱　伝　導

熱伝導とは物体が移動することなしに，物質内で熱のみが移動することをいう．このとき，移動する熱の量は熱流束（単位時間に単位面積を横切るエネルギー量）という．熱流束は次の式のように表される．熱流束は温度勾配に比例する．

$$q = -k \frac{dT}{dx}$$

ここで，q は熱流束 [W/m^2]，k は熱伝導率 [W/(m·K)]，T は温度 [K]，x は位置 [m] である．

(2) 熱　伝　達

熱伝達とは物質の移動，凝縮，蒸発，濃度の変化など，ほかの物理現象をともなっ

た熱の移動を表す．移動する熱の量は温度差に比例する．

$$dq = h(T_s - T_f)$$

ここで，dq は単位時間に単位面積を横切って移動した熱量 $[\mathrm{W/m^2}]$，h は熱伝達率，T_f は流体の温度，T_s は固体表面の温度である．

(3) 熱 放 射

熱放射とは固体表面から電磁波として放出されるエネルギーである．熱輻射ともよばれる．黒体が発する熱放射を黒体放射という．黒体放射では，黒体の絶対温度とそのとき放出する熱放射のスペクトルが対応している．実際の物体は完全黒体ではないので，その熱放射は，黒体放射よりも小さい．

黒体の表面から放射されるエネルギー I は，黒体の温度 T の4乗に比例する．これをステファン‐ボルツマンの法則という．

$$I = \varepsilon \sigma T^4$$

ε は放射率とよばれ，実際の物体が出す熱放射の黒体放射に対する割合である．また，σ はステファン‐ボルツマン定数という定数で，$5.67 \times 10^{-8} [\mathrm{Wm^{-2}K^{-4}}]$ である．この法則は，熱放射のエネルギーとスペクトルは物体の種類と温度だけで決まり，温度が高いほど波長の短い放射が強く放出されるということを表している．

6.1.4　潜熱と顕熱

物質が固体から液体，液体から気体などの状態が変化する際に必要な熱エネルギーを潜熱という．このような状態変化を相転移といい，温度変化をともなわない．温度変化をともなう熱エネルギーはこれに対して顕熱とよぶ．

潜熱は，物質の相変化に必要な熱エネルギーの総量である．物質が固体から液体に相転移（融解）するとき，および液体から気体に相転移（気化）するときに吸熱がおこり，逆方向の相転移のときには発熱がおこる．

水の相変化について，図 6.1 により説明する．低温の氷を加熱する際，氷 1 kg 当たり 2 kJ の熱を与えると 1℃ 温度上昇する．これは氷の顕熱による温度変化である．氷は水分子の固体の相である．氷が 0℃ に達すると，温度は変化せず，氷が溶けはじめ，水と氷が共存する状態になる．この状態を液体と固体の 2 相混合状態という．溶解のために与えられた熱が潜熱である．熱を吸収することにより水分子が固体から液体に相転移する．相転移のためには 333 kJ/kg の潜熱を吸収する必要がある．液体の水分子は 4.2 kJ/kg の顕熱により温度上昇する．高温になると，水面から水が蒸発する．水分子は相転移して気体となる．

図6.1 水の相転移

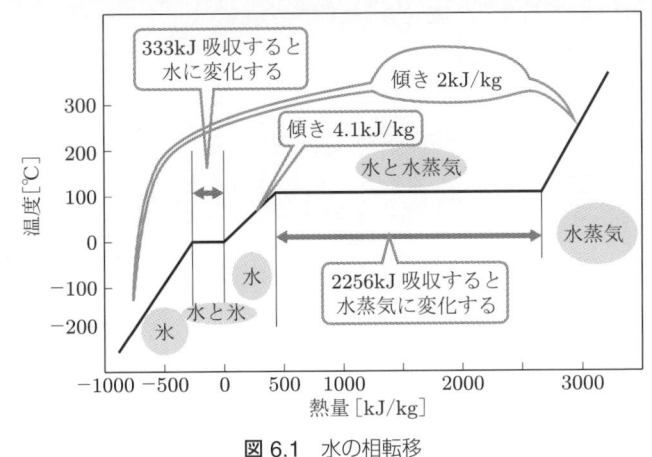

　このとき，液体の水はそこから蒸発する水蒸気によって熱エネルギーを奪われている，つまり水蒸気に転移するときに潜熱を吸収（吸熱）する．その結果，水面に接する大気は周囲の大気よりも低温となる．なお，水蒸気の顕熱は氷とほぼ同じ 2 kJ/kg である．

　逆に水蒸気が水や氷に変化するときには，水蒸気や水のもっているエネルギーが放出される．このエネルギーは顕熱として凝縮された水や凝固した氷の表面で放出され，周囲の温度を上昇させる．

6.2　電気加熱の原理と種類

　電気加熱とは，電気エネルギーを熱として利用するための方法および機器を指す言葉である．電気エネルギーを直接的に熱エネルギーに変換する場合もあるが，間接的に対象物の温度を上昇させる方法も用いられる．

　電気加熱の特徴をほかの加熱法と比較して述べると以下のようになる．
(1) 燃焼加熱に比べて，きわめて高温が得られる．
(2) 真空中でも加熱することができる．
(3) 酸素や空気以外のガス中でも加熱できる．
(4) 温度制御が容易である．
(5) 燃焼が不要で，火災の危険がなく，設備や環境面で優れている．
(6) 部分加熱および選択加熱が可能である．
(7) 対象物の内部からの加熱が可能である．

電気加熱はさらに表 6.2 に示すように分類される．以下に，それぞれの方法について説明してゆく．

表 6.2 電気加熱の種類

名称	原理
抵抗加熱	電流によるジュール熱を利用
誘導加熱	電磁誘導により流れる渦電流のジュール熱を利用
高周波加熱（誘電加熱）	誘電体の誘電損失を利用
マイクロ波加熱（誘電加熱）	水などの電磁波吸収を利用
アーク加熱	アーク放電により生じる熱を利用
放射加熱	光，電磁波の放射エネルギーを利用

6.3 抵抗加熱

抵抗加熱は，導体に電流が流れたときに発生するジュール熱を利用して物体を加熱する．抵抗体（ヒーター）を利用して間接的に対象物を加熱する間接加熱と，対象物に直接通電して加熱する直接加熱がある．

6.3.1 抵抗加熱の原理

電気抵抗 $R\,[\Omega]$ をもつ導体に電圧 $V\,[\mathrm{V}]$ を印加すると導体中を電流 $I\,[\mathrm{A}]$ が流れる．このとき導体に発生する電力（熱量）は次のように表される．

$$P = V \cdot I = I^2 \cdot R \quad [\mathrm{W}]$$

t 秒間にする仕事（電力）がエネルギーを表すので，電流により発生する熱のエネルギー U は，

$$U = P \cdot t \quad [\mathrm{J}]$$

と表される．

このときに発生する熱により導体が到達する温度は，投入した電力により発生する熱と導体から放散する熱が等しくなる温度である．これを熱平衡という．導体からの熱の放散は放射，伝熱，対流によるため，熱平衡する温度は対象物の形状，材質や各種の条件によって異なる．

また温度上昇にともない，導体の軟化，溶融，化学的変化などが発生する．その点からの温度の制限もある．そのため，抵抗加熱は電力または通電時間を制限して行われる．

抵抗加熱には直接抵抗加熱と間接抵抗加熱の2種類がある．直接抵抗加熱は加熱対象物に電極を取り付け，加熱対象物そのものを抵抗体として利用して電流を流す．通電加熱ともよばれる．対象物の内部から発熱するので均一に発熱する．さらに対象物のみを加熱するので加熱効率が高い．一方，間接加熱は発熱体に電流を流して，その

発生熱を伝熱，対流，放射により対象物に伝達させ，対象物を間接的に加熱する方式である．対象物の材質に関係なく加熱することができる．オーブントースターの原理である．産業用の場合，電気炉とよばれる．

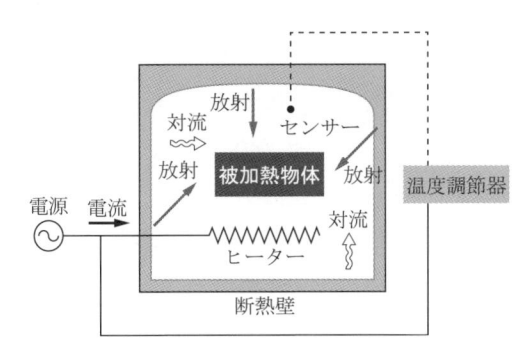

6.3.2　間接抵抗加熱

間接抵抗加熱は，熱源となる抵抗体に電流を流して加熱する．間接抵抗加熱の原理を図 6.2 に示す．間接抵抗加熱は加熱炉内部の抵抗体により発生する熱を放射，対流，伝導によって被加熱物に熱を伝え，被加熱物の材質にかかわらず加熱することができる．また，炉内の温度を検出すればいいので，温度調節も簡単である．工業加熱では最も多く利用される加熱法である．

図 6.2　間接抵抗加熱

抵抗加熱に使われる代表的な発熱体を表 6.3 に示す．これらの抵抗体は装置の構成，雰囲気，加熱温度などに応じて選定される．

産業用に抵抗加熱を用いる場合，電流により加熱量が決まるので大電流が必要となることが多い．通常は商用の三相交流を変圧器により低圧大電流にして用いる．加熱電力の制御は交流電力調整といわれる方法を用いている．交流電力調整には，サイリ

表 6.3　工業加熱炉に使われる代表的な発熱体

材質	使用温度[℃]	雰囲気
ニクロム	110〜1100	空気
クロム‐アルミ	850〜1300	空気
白金	1400	空気
モリブデン	1200〜1900	真空または水素
タングステン	1500〜2200	真空または水素
炭化ケイ素 (SiC)	600〜1500	空気
黒鉛（グラファイト）	200〜3000	水素，窒素，アルゴンまたは真空

スタを利用した位相制御，サイクル制御およびIGBT[*1]を使ったPWM制御がある．

サイリスタを用いた交流電力調整回路を図6.3に示す．温度調節器を用いて，加熱対象の温度や炉の温度などに応じて抵抗を流れる電流を容易に調節できるので，加熱が制御できる．交流電力を調節する原理を図6.4に示す．これは位相制御方式とよばれ，電源周波数の半サイクルごとにサイリスタの点弧位相を調節し，サイリスタの導通角を制御する．加熱用抵抗に流れる電流は電圧に比例するので加熱電力が制御できる．この方法は簡便なので古くから使われてきた．しかし，サイリスタが点弧するときに急激に電流が流れ，それによる高調波の発生が電源側および負荷側に影響を及ぼす．高調波を流出させないためのフィルタが必要となる．

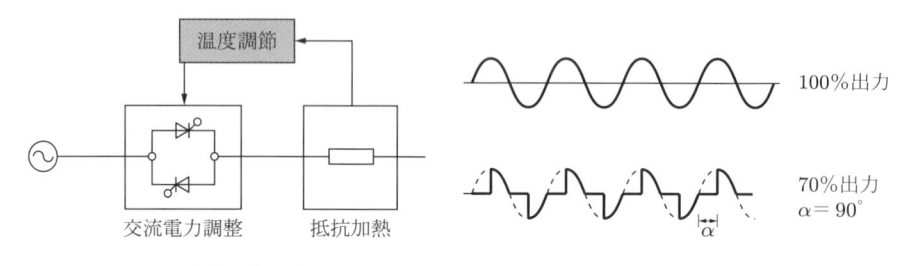

図6.3　交流電力調整回路

図6.4　電圧の位相制御

位相制御方式の高調波の問題が解決できる方法が，図6.5に示すようなサイクル制御方式である．サイクル制御方式は，電源周期より十分長い一定の周期中で電源1サイクルのオンとオフを組み合わせる．オン回数とオフ回数の比率を制御することにより負荷電圧を制御する．サイクル制御方式により高調波の発生は減少する．しかし，制御に対する即応性がないので，温度に応じてのフィードバック制御には向いていない．また，電流が数サイクルおきに断続するため，フリッカ[*2]の発生の可能性もある．

最近では交流電力制御にPWM制御を用いることもある．IGBTを用いて商用周波数の正弦波を高速に断続する．商用周波数の交流電力はPWM制御により出力電圧を調整される．この方式は応答性が速く高調波の問題も少ない．負荷の適用範囲も広い．PWM制御の波形を図6.6に示す．

大容量の間接加熱の場合，三相の発熱体を用いる．そのため，三相不平衡の問題は生じにくい．

[*1] Insulated Gate Bipolar Transistor
[*2] 電源周期付近（数10Hz）の間隔での電圧変動．

図 6.5　サイクル制御方式

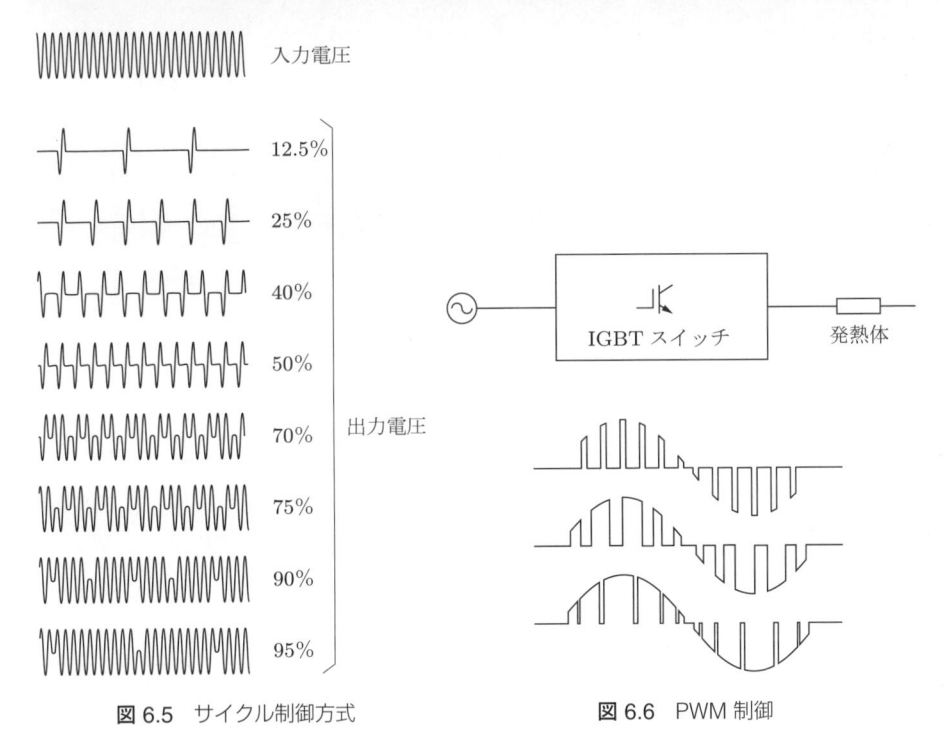

図 6.6　PWM 制御

6.3.3　直接抵抗加熱（通電加熱）

　直接抵抗加熱は通電加熱ともよばれる．加熱対象物に直接電流を流すことにより対象物自体を発熱させる．直接抵抗加熱の原理を図 6.7 に示す．

　直接抵抗加熱は，対象物の内部で発生するジュール熱を利用するので均一に発熱する．しかも急速加熱が可能である．しかし，通常，加熱対象物の抵抗値は小さく，さらに温度で対象物の抵抗値が変化してしまう．したがって，電力または電流の制御は必須であるが，対象物の断面積が一様でないと均一加熱することが難しくなる．

　直接抵抗加熱は工業的によく利用されている．黒鉛（グラファイト）の製造炉では原料の炭素に直接電流を流し，3000 ℃近くまで昇温する．これを，ゆっくり冷却することにより炭素が黒鉛に変化する．また，ガラスの溶融や各種の材料の製造にも使われる．さらに，食品製造においては直接肉などの食品に通電して加熱調理することも行われている．

　焼却炉などで生じる灰を溶融固化させる灰溶融炉を図 6.8 に示す．灰は溶融され，金属とスラグ[*1]に分離される．分離された金属ばかりでなく，スラグもブロックなどに再利用されている．

---

*1　溶融金属の製錬における不純物や分離のための溶剤などからなる液体．のろ，さい，ともよばれる．

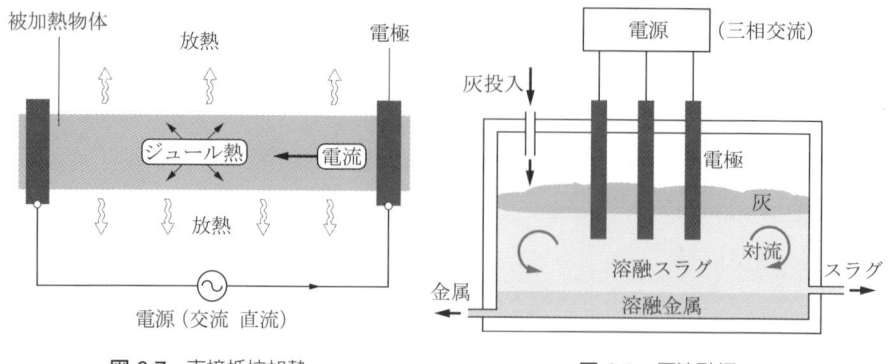

図 6.7 直接抵抗加熱

図 6.8 灰溶融炉

連続的な直接通電加熱の例としてリフロー設備を説明する．リフロー設備とは，スズめっきされた鋼板を加熱することによりスズを溶解し，合金層を形成し，表面状態を改善するための設備である．スズめっきラインの出力側に設備される．電流は二つの通電ロールを介して鋼板ストリップに供給される．図 6.9 にリフロー設備の構成を示す．鋼板の板厚，速度などにより加熱電力を制御する．

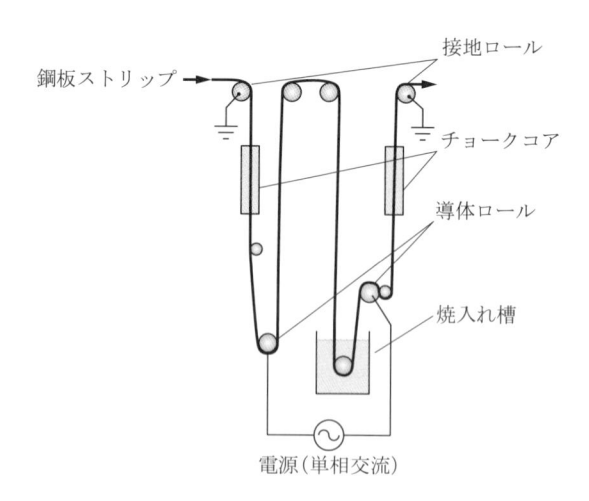

図 6.9 リフロー設備

直接抵抗加熱では，負荷に供給する電力は単相交流が用いられることが多い．そのため，商用電源を使用する場合，入力が三相で出力が単相の変圧器（スコット結線など）を使用する．また，制御が必要な場合，三相入力，単相出力のインバータが用いられる．直接抵抗加熱は低電圧，大電流が必要であり，さまざまな電源回路や電源技術が使われている．

6.4 アーク加熱

アーク加熱は電圧を印加してアーク放電を発生させ，アークの熱によって対象物を加熱する方式である．図 6.10 にアーク放電の構造を示す．負極，正極の近傍の電圧降下が大きく，その間にアーク電圧が分布している．アーク柱の温度は 10000℃ 以上に達する．そのためアークを用いることにより容易に高温が得られるのが特徴である[*1]．一般にアーク加熱で利用できる温度は 4000〜6000℃ といわれている．

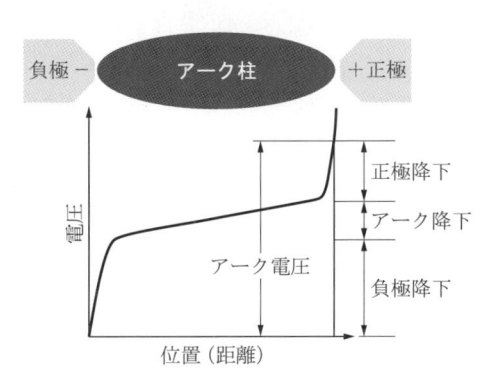

図 6.10　アーク放電の構造

アーク加熱には直接加熱と間接加熱がある．直接加熱とは，電極と加熱対象物の間にアークを発生させ加熱する．間接加熱は，電極間にアークを発生して，その放射，伝熱により対象物を加熱する．

アーク加熱の工業的な代表例は鉄鋼スクラップの溶解である．アークによるスクラップ溶解の原理を図 6.11 に示す．アーク炉では可動電極と加熱対象物であるスクラップの間にアークを発生させる．アークの熱でスクラップが溶解する．溶解に使う場合，

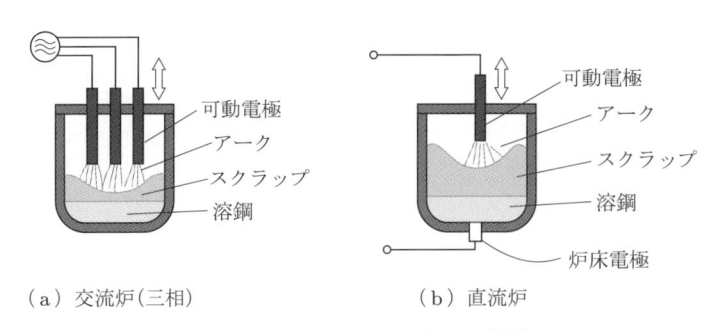

（a）交流炉(三相)　　　　　　（b）直流炉

図 6.11　アークによるスクラップ溶解

[*1] 燃焼により得られる温度は 3000℃ までといわれている．

溶解初期には，放電しないでスクラップに電流が流れて通電加熱してしまったり，局部的なアークが発生したり，状態が不安定である．溶融の進展にともない，電極と溶鋼間のアークとなり，安定して昇温できるようになる．アークには交流アークと直流アークがある．大容量の場合，交流を用いることが多い．

直流アークは，交流アークの 100～200 mm のアーク長と比べ，500～700 mm という長いアークを維持することが可能である．そのため，アークの安定性が高い．また，直流電流が溶鋼を流れるので発生する電磁力により溶鋼がかくはんされ，均一化されるという特徴もある．アーク放電は負性抵抗の特性をもつ．したがって，電流が増加したときに電圧が低下するような特性（垂下特性）の電源制御が必要である．

アークプラズマ加熱は，アーク放電により発生するプラズマをガス流により対象物に照射する加熱法である．図 6.12 に示すようなプラズマトーチにより発生させたアークプラズマは高温になっている．アークプラズマをガス流により対象物に到達させればいいので高温が容易に得られる．灰溶融，PCB[*1]の熱分解や，使用済み原子・燃料廃棄物のガラス固化などに使われている．

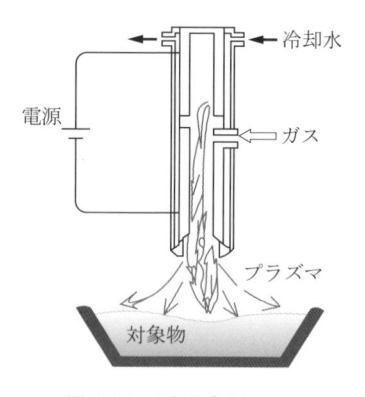

図 6.12　プラズマトーチ

6.5　誘導加熱

誘導加熱は導体の電磁誘導を利用した加熱である．磁界の変化により導体に起電力が誘導され，その起電力による電流（渦電流）により発生するジュール熱を利用する加熱方法である．

[*1] ポリ塩化ビフェニル

6.5.1 誘導加熱の原理

誘導加熱の基本原理はファラデーの電磁誘導の法則である．

$$e = \frac{d\phi}{dt}$$

この式は導体を鎖交する磁束 ϕ の時間的な変化率に比例して，導体内部に起電力が生じることを示している．導体内部に誘導された起電力は電流となって導体内部を流れる（渦電流）．渦電流により生じるジュール熱により導体の温度が上昇する．誘導加熱はこの温度上昇を利用している．

以上の原理からわかるのは，まず，加熱するには金属などの導体が必要であることである．次に，磁束の変化率とは時間当たりの磁束の変化なので，磁束を作る電流の周波数が高いほど変化率が大きくなることがわかる．さらに，磁束が鎖交しやすいように導体は透磁率が高いものが望ましいことがわかる．

しかし，高周波電流を使う場合，表皮効果で被加熱物の内部まで電流が流れにくいこと，および電磁障害（EMC）の問題があることなど，応用上の設計問題がある．そのため，産業用としては商用の 50/60 Hz 電源を使用する場合もある．

6.5.2 産業用誘導加熱

産業用誘導加熱は金属の溶解や焼入れなどの多く用いられている．図 6.13 は産業用誘導加熱の原理イメージである．

誘導加熱では効率よく電磁誘導を生じさせる必要がある．しかし，電流が導体中を流れるとき，全断面にわたって電流は一様に分布しない．交流電流は表皮効果により表面に集中する．表皮効果による電流浸透深さ δ [cm] は次のように表される．

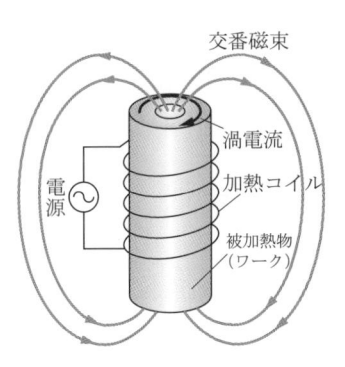

図 6.13　産業用誘導加熱のイメージ

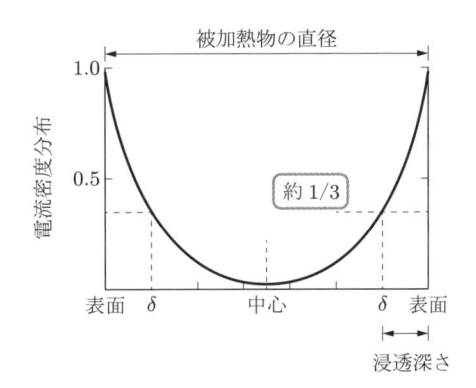

図 6.14　電流の浸透深さ

$$\delta = 5.03\sqrt{\frac{\rho}{\mu f}} \quad [\text{cm}]$$

ここで，ρ は導体の抵抗率 [$\mu\Omega$cm]，μ は導体の比透磁率，f は周波数 [Hz] である．

表皮効果による電流の分布は図 6.14 のような分布をしている．浸透深さ δ において，電流密度は約 1/3 になっている．参考に，各種金属の周波数と浸透深さの関係を図 6.15 に示す．

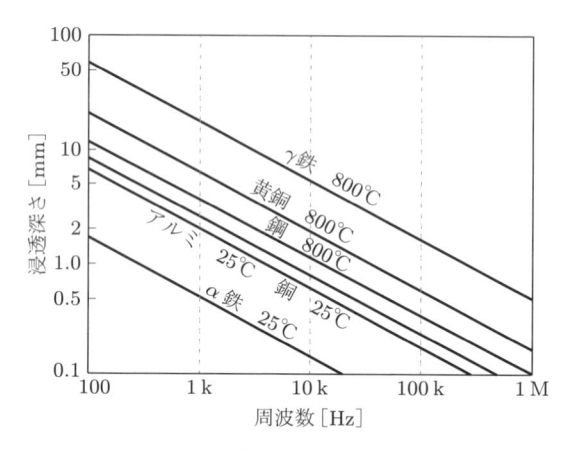

図 6.15 各種金属の周波数と浸透深さ

誘導加熱を鉄，銅などの金属の加熱溶解に用いる場合，対象物は「るつぼ」[*1]に入れられ，加熱コイルはるつぼの外側に配置される．通常，るつぼはセラミックスなどの絶縁物でできているので，るつぼ自体が発熱することはない．対象物にのみ誘導電流が流れ，発熱する．るつぼ型溶解炉の例を図 6.16 に示す．誘導加熱による融解炉の特徴

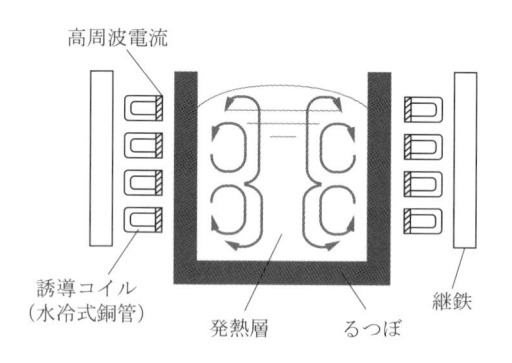

図 6.16 るつぼ型溶解炉

---

*1 中に物質を入れて加熱し，溶解・高温処理などを行う耐熱製の容器の名称．

の一つは，電磁力によるかくはん作用が生じることである．るつぼ内側の電流は加熱コイルの電流と逆方向に流れるので電磁力が生じる．そのため内部で電磁力による対流が発生し，かくはん力となる．るつぼ型溶解炉はスクラップの溶解などに使われる．

誘導加熱は溶解のほかに，熱加工，熱処理などにも使われる．熱加工とは押し出し，圧延，鍛造などをするための加熱である．熱処理とは，焼入れ，焼きなまし，表面処理などのための加熱である．表皮効果による電流の浸透深さを利用して，表面だけ熱処理をすることも可能である．そのほかホットプレス，ロウ付け，乾燥などの多くの加熱工程に使われている．産業用の場合，大容量が多く，動作周波数はあまり高くできないことが多い．

誘導加熱のための高周波電源は近年では電源は，ほとんどインバータが使われている．電源と負荷である加熱コイルの間に整合変圧器が配置される．一般に加熱コイルの巻数は少ないので，整合変圧器によりインピーダンスが調整できる．また，加熱コイルは中空の導体で内部には冷却用の純水が流されている．

6.5.3 電磁調理器

前項では対象物に直接，渦電流を流す，直接誘導加熱を説明したが，間接誘導加熱の例として電磁調理器（IHクッキングヒーター）について述べる．電磁調理器の原理は図 6.17 に示すように金属製の鍋を誘導加熱により発熱させ，鍋の内容物を間接的に加熱する方法である．

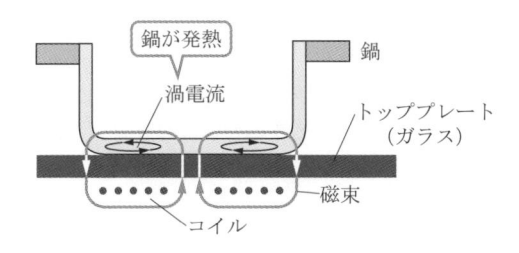

図 6.17　IHクッキングヒーターの原理

IHクッキングヒーターの熱効率は 80％以上といわれるが，これはほかの調理法のようにいったん空気を加熱し，空気の熱で鍋を熱するということがなく，使用したエネルギーをそのまま，鍋の熱に変換しているからである．このことは周囲への放熱を少なくしている．また，燃焼を利用していないので，換気が不要である．IHクッキングヒーターは，空調の面からも省エネルギーが図れるのである．

なお，電磁調理器の動作周波数は国内では 20〜100 kHz と定められており，しかも，出力は 3 kW 以下と定められている．一般のクッキングヒーターは鉄鍋対応であり，

20 kHz 付近で動作するものが多い．最近のオールメタル対応製品は銅，アルミの鍋でも加熱できるように 90 kHz 程度の高周波動作をしているものもある．

6.6 高周波加熱・マイクロ波加熱

高周波加熱とマイクロ波加熱は誘電加熱とよばれ，高周波の電界による誘電体（絶縁体）が発熱する現象を利用したものである．一般に高周波加熱は導体に高周波電流により電力を供給するものを指し，マイクロ波加熱は電磁波により電力を供給するものを指している．

6.6.1 誘電加熱の原理

誘電体（絶縁物）は電界中に置かれても内部に電流は流れない．すなわち，導体のように電界により内部の自由電子が動かない．誘電体では電界により内部の正電荷と負電荷が平衡位置から変位し，電荷が分離する分極現象をおこすだけである．

図 6.18 のように誘電体を平行電極の間に配置し，高周波電圧を加える．このとき，誘電体内部では電界により分子が分極する．分極した分子は電界の方向に配列する．交流なので，電界の極性が周波数に応じて入れ替わる．すると，その方向に分極した分子が回転する．回転により隣の分子と摩擦が生じ，その摩擦熱により発熱すると考えられている．

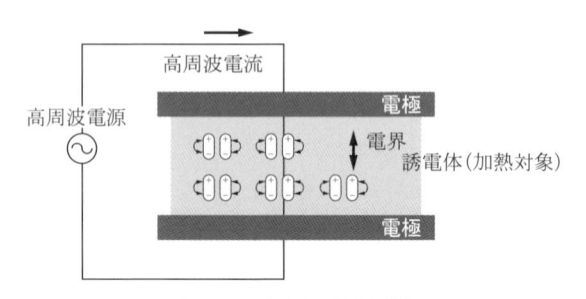

図 6.18 誘電加熱の原理

誘電加熱による発熱量 P は次のように表される．

$$P = k \cdot f \cdot E^2 \cdot \varepsilon_r \cdot \tan\delta \quad [\mathrm{W/m^3}]$$

ここで，E は電界強度 [V/m]，f は周波数 [Hz]，ε_r は比誘電率，$\tan\delta$ は誘電正接[*1]である．k は誘電体の大きさ，形状などにより決まる係数である．

[*1] 理想的な誘電体では電流は電圧より 90° 進む無効電流であるが，抵抗分（損失）がある場合，90° より δ だけ遅れるので，$\tan\delta$ が有効電流になり，損失を生じる．

発熱量は周波数に比例する．高い周波数ほど発熱量が大きい．しかし，周波数の上昇とともに電源，電力の扱いが難しくなる．

また，$\varepsilon_r \tan\delta$ を損失係数とよぶ．損失係数は誘電加熱できる量を表している．表 6.4 に各種物質の損失係数の例を示す．水は損失係数が大きいので発熱量が大きい．

表 6.4　各種物質の損失係数（周波数 1MHz）

物質	損失係数（$\varepsilon_r \tan\delta$）
空気	0
氷（−12°C）	740×10^{-4}
水（25°C）	3900×10^{-4}
木材	2000×10^{-4}
フェノール樹脂	1500×10^{-4}
ユリア樹脂	2000×10^{-4}
ゴム	48×10^{-4}
紙	3000×10^{-4}
ナイロン	240×10^{-4}

高周波加熱（誘電加熱）に用いられる周波数は 6〜80 MHz の帯域にある．この周波数範囲は放送，通信などで使われており，そのような用途への受信妨害が法的に規制されている．そのため，通信設備以外で使用するための ISM（Industrial Science and Medical）周波数が国際的に定められている．ISM 周波数を表 6.5 に示す．このうち，後述のマイクロ波加熱で用いられる 2.45 GHz は水の損失係数が高いため，水分を含む対象物に多く使われている．家庭用の電子レンジでもこの 2.45 GHz が使われている．

表 6.5　ISM 周波数

分類	周波数範囲
高周波	13.56 MHz±0.05%
	27.12 MHz±0.6%
	40.68 MHz±0.05%
マイクロ波	915 MHz±13 MHz
	2.45 GHz±50 MHz
	5.8 GHz±75 MHz
	24.125 GHz±125 MHz（24.00〜24.25 GHz）

6.6.2　誘電加熱装置

誘電加熱の用途を表 6.6 に示す．ビニル，プラスチック類の加熱，乾燥や溶接に使われることが多い．誘電加熱装置は図 6.19 に示すように高周波電源，インピーダンス整合装置および加熱電極から構成される．負荷となる電極のインピーダンスは給電線

表 6.6 高周波誘電加熱の例

機器名称	周波数，出力	機能	非加熱物
高周波ウェルダ	40 MHz，10 kW	ビニルシートの溶着	雑貨
	27 MHz，50 kW		家具
	13 MHz，100 kW		自動車シート
高周波ミシン	60 MHz，0.5 W	シートの端末処理	農業用ビニルシート
高周波プレヒーター	70 MHz，5 kW	樹脂硬化前の昇温	各種樹脂製品
	27 MHz，20 kW		大形部品
木材接着	13 MHz，1000 kW	接着剤の硬化	家具，合板
乾燥	13～40 MHz ～100 kW		木材，塗装，薬品

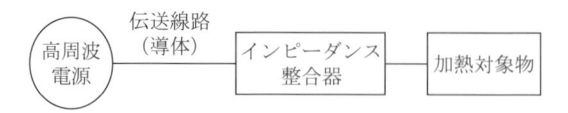

図 6.19 誘電加熱装置

の特性インピーダンスとは一致しない．効率よい電力伝送のため，負荷と伝送線の間に L または L, C を挿入してインピーダンス整合する．負荷の加熱状態により物性が大きく変化する場合，整合装置を可変制御する必要がある．

誘電加熱に使われる MHz 帯の大出力電源には，真空管発信機が多く使われてきた．最近は，半導体発振器と線形アンプを組み合わせた電源がプラズマ電源用として多く市販されている．また，インバータで直接 MHz 帯の出力を供給する電源もある．

6.6.3 マイクロ波加熱

マイクロ波加熱は電磁波を対象物に照射し，誘電加熱する．対象物中の水分を加熱する場合と水分以外の対象物を加熱する場合がある．水分以外を加熱する場合，対象物の誘電損失が大きくなくてはならない．電子レンジは対象の食品中の水分を加熱しているマイクロ波加熱装置である．

マイクロ波は，誘電加熱に使う高周波よりも周波数が高く，電磁波である．表面に照射された電磁波は対象物に吸収されながら内部へ伝わってゆく．したがって，内部へ進むほど電界は弱くなり，発熱量も減ってしまう．電力密度が半分に減衰する深さを半減深度とよび，対象物の均一加熱の目安としている．通常半減深度の 2 倍程度の厚さであれば，ほぼ均一に加熱される．周波数が低いほど厚さのあるものが加熱できる．各種物質の半減深度を図 6.20 に示す．

マイクロ波加熱装置の一般的な構成を図 6.21 に示す．マイクロ波発振機から出力されたマイクロ波は導波管により導かれる．アイソレータは進行波を通過させ，反射

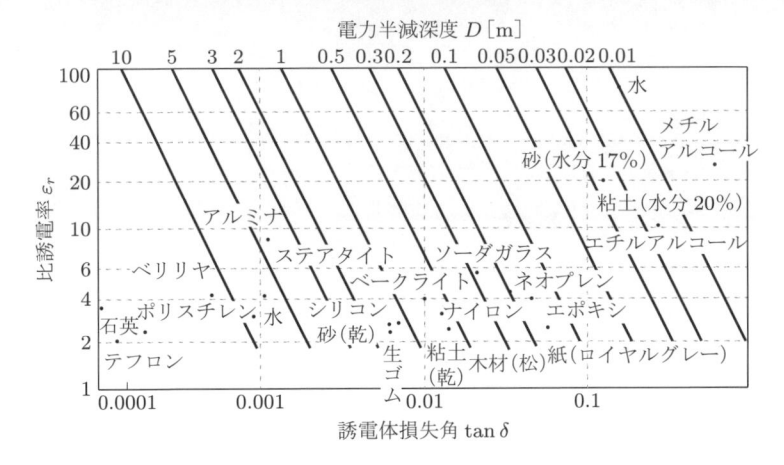

図 6.20 各種物質の半減深度（2.45 GHz）

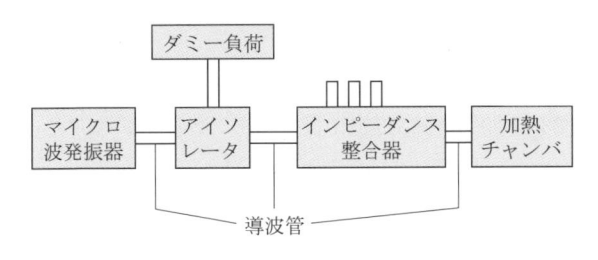

図 6.21 マイクロ波加熱装置

波は発信器を保護するために曲げる機能をもっている．反射はダミー負荷で吸収する．インピーダンス整合器は入射電磁波の位相と加熱チャンバ内の定在波の位相を整合し，反射波を低下させるために用いられる．マイクロ波の漏洩は人体に危険なため電波漏れがないような加熱チャンバを用いる必要がある．

マイクロ波加熱の特徴は短時間で加熱できること，排熱が少ないこと，直接加熱できること，均一に加熱できることなどである．マイクロ波加熱は工業的には乾燥や化学反応の促進に用いられている．

マイクロ波の発生には数 100 W 以下ではインバータが用いられることもあるが，多くは電子管が使われる．電子レンジでは，マグネトロンとよばれる電子管が用いられている．電子レンジの構造を図 6.22 に示す．

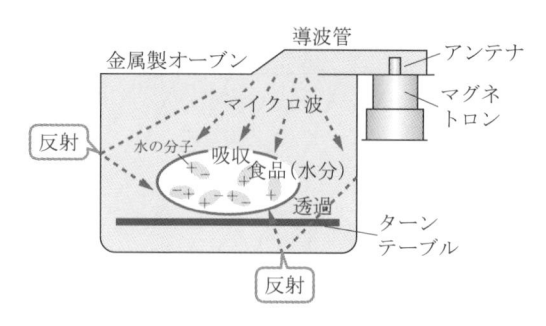

図 6.22　電子レンジのしくみ

6.7　放 射 加 熱

　放射加熱は赤外線，遠赤外線を利用して対象物を加熱する加熱法である．光源としてレーザーを用いる場合，特にレーザー加熱とよばれる．

6.7.1　赤外線加熱

　赤外線とは図 6.23 に示すように可視光線とマイクロ波の間の波長 0.7 μm から 1 mm の電磁波を指す．なお波長 0.7〜3 μm を近赤外線，3 μm から 1 mm を遠赤外線とよぶ．この波長領域の電磁波（光）は導波体がなくても空間中で指向性をもって伝播する．赤外線が物質に照射されると一部は反射，一部は透過し，残りは吸収される．吸収される赤外線が対象物の温度を上昇させる．

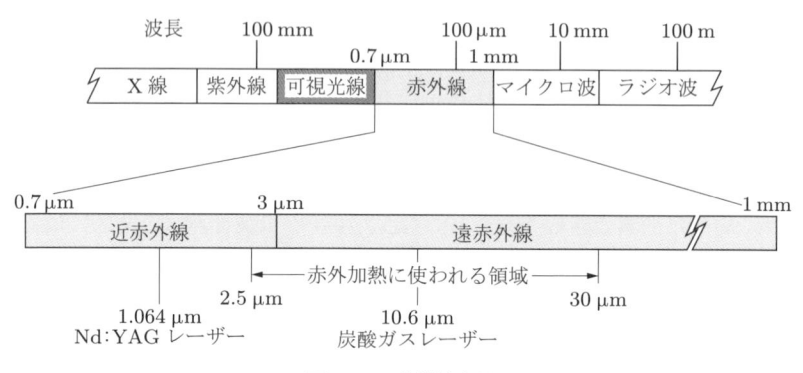

図 6.23　赤外線とは

　近赤外線はフィラメント等の 2000℃ 程度の高温の物体から光と一緒に放射される．一方，遠赤外線は数 100〜1000℃ 程度の物体から放射される．比較的低温なのでこの温度では可視光線はほとんど放射されない．
　物質を構成している原子や分子は，物質自体がもっている各種の振動（分子運動や

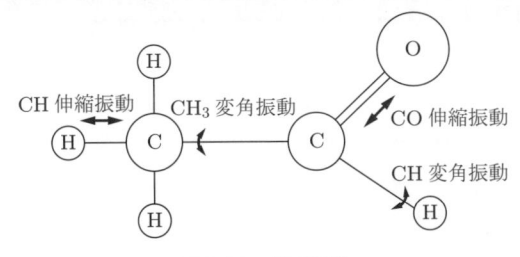

図 6.24　分子振動

結晶の格子振動）をしている．図 6.24 に分子振動の例を示す．分子の振動のエネルギーに相当する赤外線が照射されると，分子が共鳴振動し，摩擦により発熱する．

金属を除くほとんどの物質（プラスチック，ゴム，塗料，繊維，食品）の分子振動や格子振動の振動数は，波長に換算すると 2.5～25 μm の範囲である．そのため，この波長領域である遠赤外線をよく吸収し，発熱する．これらの物質では赤外線を吸収するとすぐに熱エネルギーに変換される．すなわち，照射と同時に加熱が開始されるので赤外線加熱は即応性がある．

放射加熱の特徴は加熱中の加熱量がほぼ一定であることである．伝熱を介した間接加熱では，対象物との温度差で加熱量が決まってしまう．そのため温度上昇にともない，加熱量が減少してしまう．しかし，放射加熱は加熱量を保つことはできるが，赤外線が内部まで浸透しないことが多いので表面加熱に限られてしまう．また，水，空気などの赤外線を透過させるような物質は加熱しにくいのも欠点である．

赤外放射を得るための赤外光源には次のようなものがある．

赤外電球：白熱灯と類似であるが可視光より赤外の放射効率を高めるようなフィラメントを用いている．電球はガラスに封入されているため 4 μm 以上の長波長の赤外線は得られない．近赤外線の光源として使う．

金属抵抗発熱体：ニッケル－クロム合金（ニクロム），鉄－クロム－アルミ合金などが用いられる．抵抗加熱で間接加熱するときに用いる抵抗体と同様である．

セラミック抵抗発熱体：抵抗値の小さいセラミックスを抵抗体として用いる．金属よりも表面温度を高くでき，放射率も高い．セラミックとして SiC などが用いられる．

遠赤外線ヒーター：抵抗発熱体を金属管内部に絶縁して保持したものをシーズヒーターとよび，水などを直接伝熱で加熱するのに使われる．このシーズヒーターの表面にセラミックスを用いることにより赤外放射が多くなる．セラミックスは 200～600℃ で 2～30 μm の電磁波を放射する．一般に遠赤外線ヒーターとよばれる．セラミックスを板状や面状に成形したものも使われている．

6.7.2 レーザー加熱

レーザーは誘導放出により発光を行う．レーザー光の特徴は時間的，空間的な制御性にすぐれていることである（これをコヒーレントな光という）．そのため，レーザー光は小さなスポットに集光することが可能である．レーザー光を集光すると放射照度が 10^{13} [W/m^2] にも及ぶといわれている．このことによりレーザー加熱は局部的に非常に高温にできるという特徴がある．

表 6.7 に加熱に用いられるレーザーの例を示す．レーザーは入力した電気エネルギーから光への変換効率が低いため，単なる加熱用だけで用いられることはあまりない．レーザー加熱を使う場合，集光により局部的に加熱し溶融または蒸発させて利用することが多い．したがって，赤外領域のレーザー光でなくとも加熱加工は可能なはずである．しかし，可視光，紫外光では対象物で光化学反応が発生することがある．そのためレーザー加熱には赤外レーザーが主に使われている．

表 6.7 加熱に使われるレーザー

レーザーの名称	発振波長 [μm]	出力の例		効率
		パルス	CW	
Nd:YAG	1.06	10 kW	400 W	3%
CO_2	10.6	10 MW	20 kW	20%
半導体（GaAs, InGaAsP）	赤色～赤外	10 W	100 mW	高い
ファイバレーザー	1.05～1.62		500W	20%

集光したレーザー光を対象物に照射したときの加工物の温度分布を図 6.25 に示す．(a) は加熱されただけの状態，(b) は融点まで達し，溶け込みができた状態，(c) は沸点に達し，蒸発を開始し蒸気の圧力で周囲の融液が押しのけられた状態を示している．レーザー加熱の特徴は (c) の状態が得られることである．照射するレーザーを制御することで，これら (a) (b) (c) の状態を選択することができる．したがって，レーザー加熱は単なる加熱でなくレーザー加工として使われることが多い．

レーザー加工には，レーザーによる溶融，蒸発を利用した切断，穴あけ，マーキン

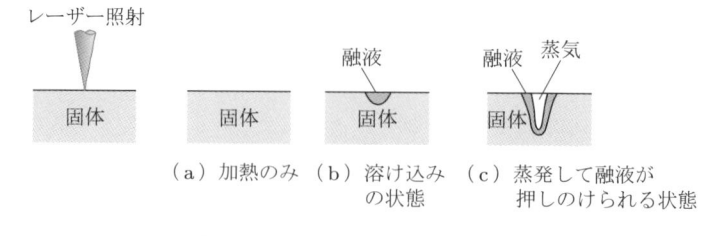

図 6.25 レーザーによる加熱の進行

グなどの除去加工のほか，表面焼入れや結晶化などの表面改質，および溶接がある．

6.8 溶　接

溶接とは，二つ以上の部材を溶融して一体化させるものである．溶接のための加熱法として，抵抗加熱とアーク加熱がおもに使われる．本節ではそれらを使った，抵抗溶接（スポット溶接）とアーク溶接について述べる．

6.8.1 抵抗溶接

抵抗溶接は，接触する溶接対象物の接触部に電流を流すことにより加熱し，圧力を加えて接合する溶接である．溶接による熱の影響は溶接部分近傍のみである．抵抗溶接の代表的なものは図 6.26 に示すスポット溶接である．通電領域が溶接される．また図 6.27 に示したのはプロジェクション溶接である．プロジェクション溶接とは，あらかじめ対象物に突起を設けて，突起部に電流が集中するようにして溶接する方式である．板厚が極端に異なる場合などでは熱容量が異なってしまい，通常のスポット溶接では溶接できない．しかし，プロジェクション溶接であれば電流が集中するので溶接が可能である．

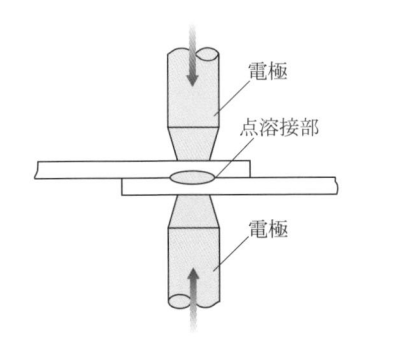

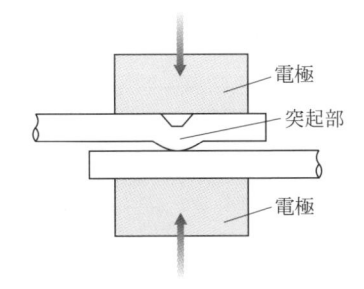

図 6.26　スポット溶接　　　図 6.27　プロジェクション溶接

6.8.2 アーク溶接

アーク溶接は，溶接すべき金属と溶接用電極の間にアーク放電させ，その発生熱で溶接棒を溶融接合させるものである．図 6.28 にアーク溶接の原理を示す．

アーク放電は負性抵抗特性をもっている．そのためアーク溶接では，アークの長さと電圧，電流の関係をよく考える必要がある．アーク溶接の場合，電圧が高いほどアークが大きくなり，アーク長は長くなる．その分抵抗値が増す．したがって，電流は低下する．電圧が低い場合，図 6.29 に示すようにアーク長は短い．電圧が同一でも電流

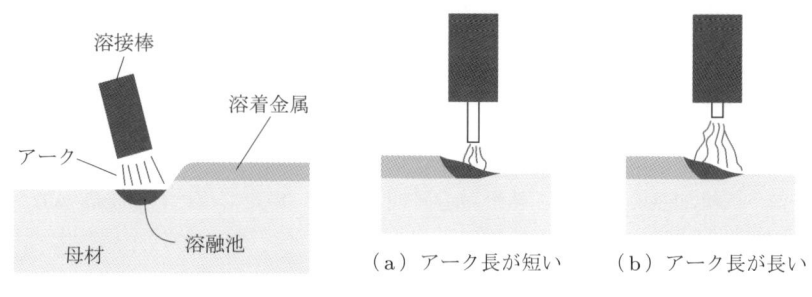

図 6.28 アーク溶接の原理

図 6.29 アークの長さ
（a）アーク長が短い　（b）アーク長が長い

が増せば，アーク長が短い状態になる．逆に同じ電圧で電流が減れば，アーク長は長くなる．

したがって，アーク溶接では定電圧制御を行う．アーク溶接での定電圧制御とは一般の機器のように出力電圧を一定にする制御ではない．アーク長を一定にするためのアーク電圧の制御である．また，アーク放電は負性抵抗特性をもつので，電流が増加したときに電圧を低下させるような垂下特性（定出力制御）の制御も使う必要がある．

電気加熱のまとめを表 6.8 に示す．

表 6.8 電気加熱のまとめ

加熱方法		原理	特徴			適用例		
			温度[℃]	効率	その他			
電気式	抵抗	・物体に電流を流すと熱が発生（ジュールの法則）	～2800	100%[*1]	・排ガスなし ・容易な自動化 ・雰囲気の制約なし	金属 溶解,焼結 焼入,焼鈍 乾燥	ガラス 溶解,アニール	セラミックス 乾燥,焼結
	電磁誘導	・磁束変化により金属にうず電流を誘導 ・そのジュール熱で自ら発熱	～融点	90%			半導体,合金 単結晶化	
	アーク	・アークという放電現象を利用	3000～6000	90%		金属 溶解,溶接,切断	セラミックス 溶解	
	電磁波	赤外線	・赤外線ヒータは，熱線（赤外線）を放射 ・その放射エネルギーによって加熱	～800	90%		輸送・電機 焼付塗装	プラスチック 硬化,アニール	ガラス 溶解,アニール
		マイクロ波	・高周波電界内では極性のある物質（水やアルコールなど）は高速で反転振動 ・その摩擦熱によって自ら発熱	～融点	60%		ゴム 加硫[*2]	食品 調理,解凍,乾燥	セラミックス 乾燥,焼結
燃焼		・ガス ・重油の燃焼熱によって加熱	～800	20～80%[*3]	・排ガスあり ・監視が必要 ・空気雰囲気に限定	金属 溶解,切断	紙・パルプ,化学 繊維,窯業,食品 乾燥	ガラス 溶解,アニール

*1 直接通電の場合　　*2 硫黄や炭素を添加することで耐久性を向上　　*3 20%直火，80%：蒸気発生

各種資格試験の出題例

本章に関する内容は，以下のようにさまざまな資格試験で取り上げられている．問題によっては，本書の内容をこえるものがあるが，本書の説明でもある程度は理解できるはずである．ぜひ本書をスタートにそれぞれの専門書等で勉強を深めこれらの資格に挑戦してほしい．解答と出典は巻末を参照のこと．

6.1　全電化マンション等で一般に使われている電磁調理器の加熱方式は．
　　（イ）誘導加熱　　（ロ）抵抗加熱　　（ハ）赤外線加熱　　（ニ）誘電加熱

（第一種電気工事士　筆記試験）

6.2　消費電力 1 [kW] の電熱器を 1 時間使用したとき，10 リットルの水の温度が 43 [℃] 上昇した．この電熱器の熱効率 [%] は．
　　（イ）40　　（ロ）50　　（ハ）60　　（ニ）70

（第一種電気工事士　筆記試験）

6.3　次の文章は，電気加熱に関する記述である．

　導電性の被加熱物を交番磁束内におくと，被加熱物内に起電力が生じ，渦電流が流れる．　ア　加熱はこの渦電流によって生じるジュール熱によって被加熱物自体が昇温する加熱方式である．抵抗率の　イ　被加熱物は相対的に加熱されにくい．

　また，交番磁束は　ウ　効果によって被加熱物の表面近くに集まるため，渦電流も被加熱物の表面付近に集中する．この電流の表面集中度を示す指標として電流浸透深さが用いられる．電流浸透深さは，交番磁束の周波数が　エ　ほど浅くなる．したがって，被加熱物の深部まで加熱したい場合には，交番磁束の周波数は　オ　方が適している．

　上記の記述中の空白箇所ア，イ，ウ，エ及びオに当てはまる組合わせとして，正しいものを次の (1)～(5) のうちから一つ選べ．

	ア	イ	ウ	エ	オ
(1)	誘導	低い	表皮	低い	高い
(2)	誘電	高い	近接	低い	高い
(3)	誘導	低い	表皮	高い	低い
(4)	誘電	高い	表皮	低い	高い
(5)	誘導	高い	近接	高い	低い

（第三種電気主任技術者　機械科目）

6.4　伝熱に関する次の (a) 及び (b) の問に答えよ．
　(a) 直径 1 [m]，高さ 0.5 [m] の円柱がある．円柱の下面温度が 600 [K]，上面温度が 330 [K] に保たれているとき，伝導によって円柱の高さ方向に流れる熱流 [W] の値として，最も近いものを次の (1)～(5) のうちから一つ選べ．
　ただし，円柱の熱伝導率は 0.26 [W/(m·K)] とする．また，円柱側面からの放射

及び対流による熱損失はないものとする．
(1) 45　　(2) 110　　(3) 441　　(4) 661　　(5) 1630

(b) 次の文章は放射伝熱に関する記述である．

すべての物体はその物体の温度に応じた強さのエネルギーを ア として放出している．その量は物体表面の温度と放射率から求めることができる．

いま，図に示すように，面積 A_1 [m²]，温度 T_1 [イ] の面 S_1 と，面積 A_2 [m²]，温度 T_2 [イ] の面 S_2 とが向き合っている．両面の温度に $T_1 > T_2$ の関係があるとき，エネルギーは面 S_1 から面 S_2 に放射によって伝わる．そのエネルギー流量（1秒当たりに面 S_1 から面 S_2 に伝わるエネルギー）ϕ [W] は $\phi = \varepsilon \sigma A_1 F_{12} \times$ ウ で与えられる．

ここで，ε は放射率，σ は エ ，及び F_{12} は形態係数である．ただし，ε に波長依存性はなく，両面において等しいとする．また，F_{12} は面 S_1，面 S_2 の大きさ，形状，相対位置などの幾何学的な関係で決まる値である．

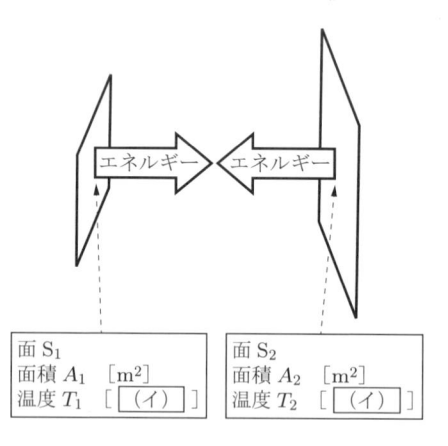

上記の記述中の空白箇所ア，イ，ウ及びエに当てはまる組合せとして，正しいものを次の (1)～(5) のうちから一つ選べ．

	ア	イ	ウ	エ
(1)	電磁波	K	$(T_1 - T_2)$	プランク定数
(2)	熱	K	$(T_1^4 - T_2^4)$	ステファン・ボルツマン定数
(3)	電磁波	K	$(T_1^4 - T_2^4)$	ステファン・ボルツマン定数
(4)	熱	℃	$(T_1 - T_2)$	ステファン・ボルツマン定数
(5)	電磁波	℃	$(T_1^4 - T_2^4)$	プランク定数

（第三種電気主任技術者　機械科目）

6.5　産業用に用いられる誘導加熱装置と家庭用に用いられる誘導加熱装置の違いについて，それぞれの例を挙げて説明せよ．

（技術士第二次試験　電気電子部門　電気応用科目）

6.6 ヒートポンプの原理を説明し，さらに成績係数（COP）が 1 以上になる理由を説明せよ．

(技術士第二次試験　電気電子部門　電気応用科目)

6.7 次の文章の ☐ 1 ☐ ～ ☐ 10 ☐ の中に入れるべき最も適切な数値を解答群から選び，その記号を答えよ．

図の等価回路で表される抵抗炉設備で，発熱体の抵抗値 R は $0.8\,\Omega$，電源出力端から炉入力端までのケーブルの抵抗値 R_1 は $0.05\,\Omega$ でいずれも一定であり，ケーブルのリアクタンス X_1 は未知とする．また，炉は熱的に定常状態にあり，炉入力端電力が変化しても炉壁からの熱損失は一定とする．

この抵抗炉で，電源出力端電圧を 200 V，炉電流を 210 A とし，比熱 520 J/(kg·K) の被加熱材 120 kg を 20℃ から 620℃ まで 20 分で加熱する．この状態で運転しているとき，発熱体の電力は ☐ 1 ☐ [kW]，電源出力端の電力は ☐ 2 ☐ [kW] であり，電源出力側から見た電気効率は ☐ 3 ☐ [%]，力率は ☐ 4 ☐ [%] となる．また，電源出力端における電力原単位は ☐ 5 ☐ [kW·h/kg] となる．

さらに，被加熱材の加熱に必要な正味電力量は ☐ 6 ☐ [kW·h]，正味電力は ☐ 7 ☐ [kW] となるので，炉壁の熱損失は ☐ 8 ☐ [kW] となる．

ここで加熱時間 20 分を短縮して 15 分にするためには，発熱体の電力を ☐ 9 ☐ [kW] に上げる必要があり，そのための電源出力端電圧は ☐ 10 ☐ [V] となる．

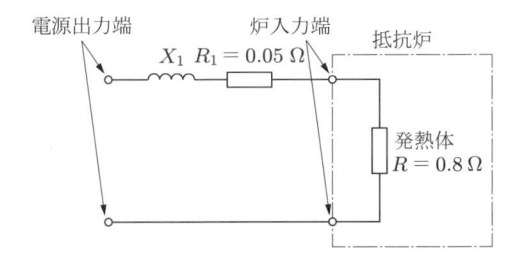

(解答群)

ア 0.104	イ 0.125	ウ 0.312	エ 2.20	オ 4.08
カ 6.15	キ 10.4	ク 27.6	ケ 31.2	コ 35.3
サ 37.5	シ 41.0	ス 45.7	セ 89.3	ソ 91.4
タ 94.1	チ 96.8	ツ 228	テ 237	ト 245

(エネルギー管理士（電気分野）)

6.8 次の文章は，電気加熱の中の電磁波による誘電加熱に関する記述である．文中の ☐ に当てはまる最も適切な語句を解答群の中から選びなさい．

電磁波による誘電加熱の原理は次のとおりである．被加熱物である誘電体に電磁波の高周波電界が加えられると誘電体内の分子は ☐ 1 ☐ を生じる．この状態を生じる ☐ 2 ☐ の移動が電界の時間的変化に追随できなくなると，変位電流が電界に対して遅れを生じて電力損失が発生する．この現象が ☐ 3 ☐ による熱の発生であり，電磁波の誘電体内への浸透深さは ☐ 4 ☐ に反比例する．

電磁波による誘電加熱は，周波数帯によって次の2種類に大別される．その一つは1～100 [MHz]程度の周波数帯を使用する高周波加熱であり，他の一つは300 [MHz]～30 [GHz]程度の周波数帯を使用する [5] である．
(解答群)
イ マイクロ波加熱　　ロ 荷電体　　　　ハ 誘電損　　　　ニ 電磁誘導
ホ 熱損　　　　　　　ヘ プラズマ加熱　ト 放射体　　　　チ 磁性体
リ 電離　　　　　　　ヌ 伝送損　　　　ル 遠赤外加熱　　ヲ 分極
ワ 波形率　　　　　　カ 周波数　　　　ヨ 波長

(第二種電気主任技術者　機械科目)

6.9　マイクロ波加熱の特徴に関する記述として，誤っているのは次のうちどれか．
(1) マイクロ波加熱は，被加熱物自体が発熱するので，被加熱物の温度上昇（昇温）に要する時間は熱伝導や対流にはほとんど無関係で，照射するマイクロ波電力で決定される．
(2) マイクロ波出力は自由に制御できるので，温度調節が容易である．
(3) マイクロ波加熱では，石英ガラスやポリエチレンなどの誘電体損失係数の小さいものも加熱できる．
(4) マイクロ波加熱は，被加熱物の内部でマイクロ波のエネルギーが熱になるため，加熱作業環境を悪化させることがない．
(5) マイクロ波加熱は，電熱炉のようにあらかじめ所定温度に予熱しておく必要がなく，熱効率も高い．

(第三種電気主任技術者　機械科目)

6.10　次の各文章の [　　] の中に入れるべき最も適切な字句又は数値を(解答群)から選び，その記号を答えよ．

電気加熱の特徴の一つとしては加熱負荷を含め全加熱システムが電気系で構成されるので一般に [1] が少ないため，加熱温度の制御精度が高い．また，多量のエネルギーを被加熱材に短時間で投入し，急速加熱が可能であるため，加熱時間の短縮により放散などの [2] が少なくなり，加熱効率が高い．

誘導加熱では，被加熱材内に誘導される渦電流密度は [3] により表面から内部に進むに従い指数関数的に減少する．その電流密度が，表面の密度の [4] 倍となった位置までの深さを，電流浸透深さと呼ぶ．誘導加熱においては，加熱目的，被加熱材の材質，形状，寸法に応じて電流浸透深さが適切な値となるように，電源の [5] を選定しなければならない．

(解答群)
ア 0.368　　イ 0.632　　ウ 0.736　　エ 潜熱　　　　オ 顕熱
カ 発熱　　　キ 熱損失　　ク 熱慣性　　ケ 熱抵抗　　　コ 電圧
サ 電流　　　シ 周波数　　ス ゼーベック効果　セ 表皮効果　ソ プランクの法則

(エネルギー管理士（電気分野）)

COLUMN

熱も捨てません

　加熱炉などの周囲は熱が放散されて熱くなってしまいます．そのために外壁を冷却する場合もあります．そこで，そのような排熱を利用することが考えられています．後述するコジェネレーション（p.189）もその一種ともいえます．温度が高い排熱は熱回収してそのまま熱として利用できます．ヒートポンプの熱源にも使えます．しかし，温度の低い排熱はなかなか利用するのが難しいです．最近はゼーベック効果を利用した熱電変換素子の性能が上がっています．多くの素子を組み合わせて，円筒状や円盤状などに形状を工夫し，熱電モジュールとして熱電発電が利用されるようになってきました．これで熱も電気に回生できるようになりました．

7 照 明

われわれの生活に照明は欠かすことができない．照明は単に夜間の明るさを確保するだけでなく，各種の表示の光源としても利用される．また，照明は電気エネルギーの消費量においても3番目を占めている．ここでは照明の基本について述べ，さらに各種の照明方法，照明器具について述べる．

7.1 照明とは

照明とは，物体や場所を光で照らすことである．また，信号灯のように光源そのものを見せることも照明という．人間が視覚をはたらかせるためには照明が必要である．自然光（太陽光や月光）を利用することも含めて照明とよぶ．しかし，ここでは白熱電球，蛍光灯，ランプ，LED などの各種の光源が発する人工光による照明について述べる．

照明された光の強さや方向を調節することを調光という．調光とは室内においてカーテンやブラインドによって外光を遮ったり，照明器具を調節することを指す．

自然界には太陽，月，星，生物発光などの光がある．しかし，照明光源として使えるのは太陽だけである．太陽光を昼光とよぶ．昼光は，直射日光，天空光および地物反射光の三つに分けて考えられる．太陽光が大気圏を透過して直接地表に到達するものを直射日光という．直射日光は太陽から直接放射される光である．太陽光は地球に到達する前に大気圏を通過する．その際，大気中のチリなどの微粒子や各種ガスによって散乱・吸収を受ける．その散乱された光が地表に到達したものを天空光という．また，太陽光は地面や物体に反射する．その反射光を照明光として利用する場合，地物反射光とよぶ．

昼光は窓を通して建物内へ採光される．しかし，雨天，夕方などでは室内の明るさが不足する．このとき，人工光源を使うことによって明るさの低下を補う．人工光源による照明を人工照明という．人工光源の多くは安定した光を出すので照明設計をすることができる．

可視光線は人間の目が光と感じる電磁波である．図 7.1 に電磁波の波長と光の関係を示す．可視光線とは波長 380〜760 nm，周波数で示すと 405〜790 THz（テラヘルツ：$\times 10^{12}$ Hz）の電磁波である．

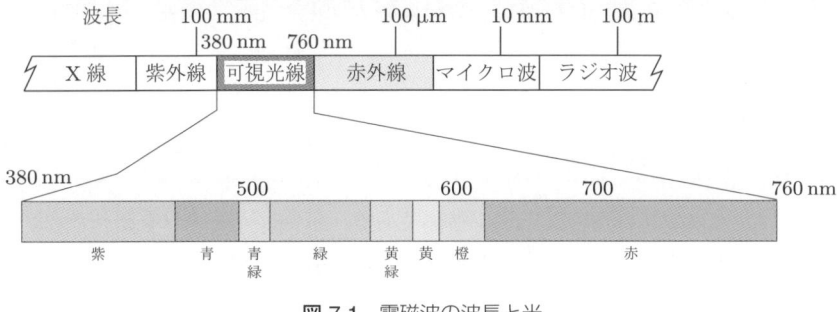

図 7.1 電磁波の波長と光

本章では電気エネルギーを利用した人工光源の照明について述べてゆく．

7.2 照明基礎量の定義

照明は光を利用するために用いられるものである．そこで，まず光に関連する基礎的な諸量について説明する．諸量は互いに関係しているため，説明は前後することがある．

7.2.1 光束

光束 F とは単位時間当たりにある面を通過する光の放射エネルギーを人間の肉眼の感度を基準に換算して示した数値である．光束の単位はルーメン [lm] である．人間の目の感度は光の波長によって変化する．波長 555 nm の緑色の光に対する感度が最大である．1 lm の光束とは，波長 555 nm で光度 1 cd の光源から 1 sr の立体角に照射される光のエネルギーと定義される．光源と光束の関係を図 7.2 に示す．光束をカンデラステラジアン [cd·sr] の単位で表すこともある．

光束は心理物理量といわれる．人間の目にはとりこむ光の量を調節する虹彩がある．虹彩は明るい場所では収縮し，暗い場所では弛緩する．したがって，同じ光度の光源

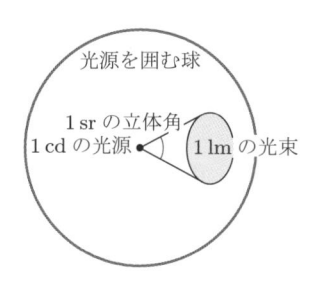

図 7.2 光 束

を見ても，直前に暗い場所にいた場合には虹彩が開いており，網膜に届く光束が多くなる．そのため明るく感じることになる．逆に，直前に明るい場所にいると虹彩が狭まっており，網膜に届く光束が減少して暗く感じる．

7.2.2 光　度

光度 I は，光束の立体角密度を示す指標である．単位はカンデラ [cd] である．点光源から発する光の立体角 ω [sr] 当たりの光束が F [lm] のとき次のように表される．

$$I = \frac{F}{\omega} \quad [\text{cd}]$$

光度は表示用 LED などのまぶしさを表す際に用いられる．波長 555 nm の緑色光の所定の方向におけるその放射強度が 1/683 W/sr のとき，その光源の，その方向における光度を 1 cd と定義する．

7.2.3 照　度

照度 E は照明では明るさの基準で，単位はルクス [lx] である．照度は $1\,\text{m}^2$ の面積に入射する光束 F [lm] であり，光束の密度を示している．照射される面の単位面積 $\Delta A\,[\text{m}^2]$ に入射する光束を ΔF [lm] とすると照度 E は次のように表される．

$$E = \frac{\Delta F}{\Delta A} \quad [\text{lx}] \quad (= [\text{lm/m}^2])$$

いま，光度 I [cd] の点光源を中心とする半径 r [m] の球面を考える．このとき，点光源の全光束 F は次のように表される．

$$F = 4\pi I$$

球面の表面積 S は $S = 4\pi r^2\,[\text{m}^2]$ である．点光源から放射される光は球面を垂直に通過するので，球面上の照度 E は次のように表される．

$$E = \frac{I}{r^2} \quad [\text{lx}]$$

つまり，照度は光源からの距離の 2 乗に反比例する．なお，直射日光下の照度は 10 万 lx である．

7.2.4 輝　度

輝度 B とは，ある光の発散面の光度 I [cd] を発散面の面積で割った値である．単位はカンデラ毎平方メートル $[\text{cd/m}^2]$ である．

光度 I と輝度 B の違いを説明する．光度は発光する物の面積を考慮しない明るさを表している．一方，輝度は面光源の面積当たりの光度を示している．輝度は光源が広くなって明るく感じられても一定である．輝度はディスプレイなどの面積が影響するものの明るさを表すときに利用される．

また，輝度 B と照度 E は次のように理解するとよい．照度は人間の受け取る量である．同じ輝度で同じ面積の照明でも近くでは照度が高くなり，遠ければ照度が低下する．一方，輝度は発散面での光源の明るさを示す数値なので距離には無関係である．

7.2.5 比視感度

比視感度とは，人間の目が最大感度となる波長の光に感じる強さに対し，他の波長の明るさを感じる比率を示したものである．人間の眼の感度が最も高いのは波長 555 nm の緑色光である．この波長での感度を 1 としたときの各波長の感度を比率で示している．比視感度を図 7.3 に示す．

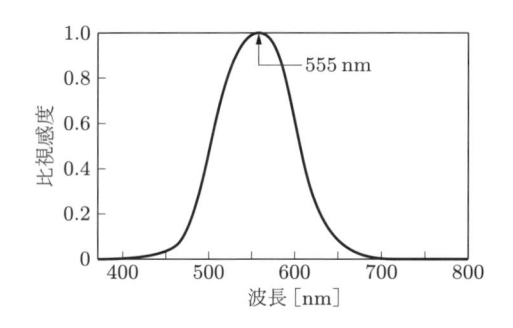

図 7.3 比視感度

人間に視感度があるということは，同じような明るさに感じていても，物理量としての光の量は波長によって異なるということである．緑色の光（555 nm）と同じように感じる赤色の光（680 nm）は物理的には約 50 倍の光の強さである．

これまで述べたような照明で用いられる各種の量は人間が感じる量で，物理量に比視感度を乗じた心理物理量であることに注意を要する．

7.2.6 発光効率

発光効率とは，ある照明機器が一定のエネルギーでどれだけの明るくできるかを表す数値である．単位電力当たりの全光束 [lm/W]（ルーメン毎ワット）で表す．

7.2.7 物理量としての光

光は電磁波であり，物理量としては電磁波と同様に扱うことができる．

(1) 光のエネルギー

光のエネルギーは単位ジュール [J] で表される．光のもつエネルギー U は光の振動数 ν（波長の逆数）によって決まる．

$$U = h\nu \quad [\text{J}]$$

ここで，h はプランク定数，ν は振動数（$\nu = c/\lambda$）c は光速，λ は波長である．

(2) 光の強度

光の強度は放射照度 [W/m^2] により表される．単位面積に1秒間に入射する光のエネルギーを示している．光を電磁波として考えると，光の強度は電界の大きさの2乗に比例する．

$$I = \frac{\varepsilon}{2}|E|^2$$

7.3 照明設計

7.3.1 照明設計の概要

照明は光源を利用して特定の場所を明るくすることである．照明の方式は表 7.1 に示すように大きく三つに分類される．

表 7.1　照明方式

名称	方式	特徴
直接照明	光源からの直接光で作業面を照らす方式	効率が高い．しかし，照度が不均一になりやすく，まぶしさを感じる．
間接照明	光源からの光を壁面・天井面などで反射させてから作業面を照らす方式	効率が低い．しかし，照度を均一にしやすい．
半間接照明	直接光と反射光を組み合わせて作業面を照らす方式	

照明の設計とは明るくして，まぶしくしない，ということである．設計に際しては光源をどのように分布し，配置するのかの照明性能を考えればよい．しかし，省エネルギーや美的効果も配慮する必要がある．表 7.2 に各種の光源の光度（明るさ）と輝度（まぶしさ）を示す．

照明設計の例として照度の計算法を示す．ここでは，点光源によるある面上の照度を示す．いま，図 7.4 に示すように，点光源 O の光を点 P が受けていたとする．この点光源による，面上の点 P における面に垂直方向の照度を水平面照度 E_h という．

表 7.2　各種光源の比較

種類	光度[cd] 明るさを示す	輝度[cd/m²] まぶしさを示す
太陽光	3.15×10^{27}	1.65×10^9
白熱電球	127 (100 W)	1000〜3000
蛍光灯	139 (20 W) 374 (40 W)	6000〜20000
水銀ランプ	2060 (400 W)	140000

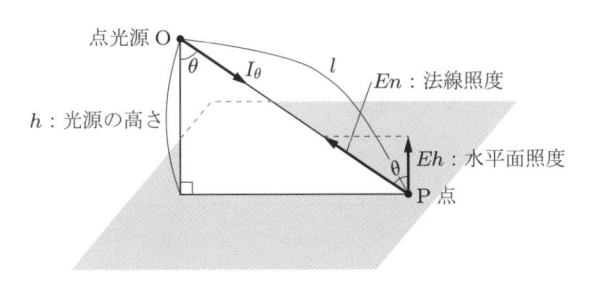

図 7.4　点光源による面の照明

$$E_h = \frac{I_\theta}{l^2} \cos\theta$$

ここで，I_θ は，θ 方向の光度 (cd)，l は光源から点 P までの距離 (m)，θ は入射角である．この式を変形すると，水平面照度は次のように表すことができる．

$$E_h = \frac{I_\theta}{h^2} \cos^3\theta$$

照明設計では，これを照度とよぶことが多い．

また，法線照度 E_n とは点 P と光源とを結ぶ線分方向の照度である．法線照度は次のように表される．

$$E_n = \frac{I_\theta}{l^2} = \frac{I_\theta}{h^2} \cos^2\theta$$

光源が蛍光灯のように直線状の場合や面状に分布している場合，これらの式を積分して表すことになる．

7.3.2　照明設計に使われる用語

(1) 演 色 性

演色性とは，各種の人工光源について，物の色をどれだけ自然に見せるかという観点から評価した性能である．太陽光の物の色の見え方がもっとも自然であり，演色性

が高いといわれる．測定対象の光源と基準光との色ずれの比較を演色評価数という指標で評価する．太陽光での色を 100 として数値で表す．

(2) 色 温 度

色温度とはある光の色を黒体放射の色と対応させ，そのときの黒体の温度をもって色を温度で表現するものである．赤などの暖色系の色は色温度が低く，青みがかった白のような寒色系の色ほど色温度が高い．太陽光線は 5000〜6000 K であるが，朝日や夕日は 2000 K といわれる．また蛍光灯の電球色は 3000 K，昼白色は 5000 K である．

(3) 配光曲線

光源や照明器具の空間の各方向への光度分布を配光という．配光を表示するために，直角座標，極座標などの座標での曲線を使って表す．これを配光曲線という．

7.4 光 源

光の発生は，熱放射とルミネセンスという二つの現象で生じる．熱放射には物体の酸化反応（燃焼）と，物体が高温になると発生する白熱とがある．ルミネセンスは気体では放電とよび，固体・液体ではルミネセンス発光とよぶ（図 7.5）．

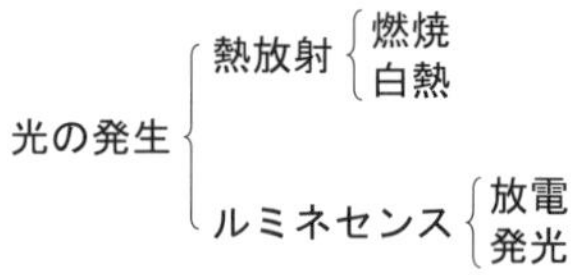

$$
\text{光の発生}\begin{cases}\text{熱放射}\begin{cases}\text{燃焼}\\\text{白熱}\end{cases}\\\text{ルミネセンス}\begin{cases}\text{放電}\\\text{発光}\end{cases}\end{cases}
$$

図 7.5　光の発生

燃焼による照明とはろうそく，石油ランプなどの燃焼（酸化反応）により生じる高温で生じる光を利用する．白熱とは電流を流すことにより生じる高温で発生する光を利用する．いわゆる白熱電球の光である．放電とは，電極間の絶縁破壊により電子が放出し，電子やイオンによる光が生じる現象である．蛍光灯の原理である．ルミネセンス発光は，固体または液体が発光する現象を利用する．代表的なものには LED がある．

7.4.1　白 熱 灯

白熱灯はフィラメントに電流を流し，ジュール熱によりフィラメントを高温にすることにより発光する．白熱灯の構造を図 7.6 に示す．

口金により外部から電流を供給する．フィラメントにはタングステンを用いる．ガラス球内部には不活性ガスが封入されている．白熱灯特有の形状をしている口金は英語ではエジソンスクリューとよばれている．

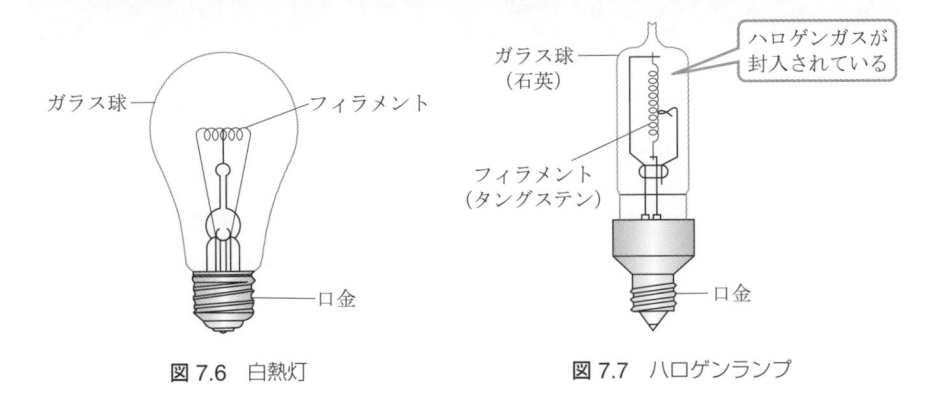

図 7.6　白熱灯　　　　　　　図 7.7　ハロゲンランプ

　電流が流れれば発光するので，直流電流，交流電流のいずれも使用可能である．フィラメントが赤熱するため，交流電流でもちらつきがなく，連続的に発光する．しかし，消費電力の大半は赤外線や熱として放出され，光として利用できない．そのため発光効率は低い．一般的な 100 W の白熱電球での変換は可視光 10%，赤外光 70%，熱が 20% といわれる．

　白熱灯のフィラメントは約 2500℃ という高温になる．フィラメントにはタングステンが使用される．タングステンは高温でも蒸発（昇華）しにくい性質をもっている．しかし，使用にともない，徐々に蒸発し，細くなり，やがて折れてしまう．これが球切れである．一般的にはフィラメントの寿命は約 1000 時間といわれている．蒸発したフィラメントはガラス球で冷却され，内側に付着する．これを黒化という．

　ガラス球内部にはアルゴン，窒素などの不活性ガスがほぼ大気圧で封入されている．封入ガスの役割はフィラメントの劣化を抑えること，および内部でアーク放電しないようにすることである．一方，ガスにより熱伝導するので熱損失が大きくなる．封入ガスとしてクリプトンを用いたクリプトン電球は熱伝導による損失が少ない．

　封入ガスにハロゲンをわずかに混合したものをハロゲンランプとよぶ（図 7.7）．昇華したフィラメントのタングステンがハロゲンと結合してハロゲン化タングステンになる．ハロゲン化タングステンは，フィラメントの近くでは高温によりハロゲンとタングステンに分離する．これによりタングステンがフィラメントに戻る．ハロゲンランプは黒化がなく，光束が低下しないランプである．ハロゲンランプはフィラメントへの還元をよくするために一般の白熱灯より高温（約 2700℃）で動作するものが多い．そのため一般の白熱灯よりも白く光る．

7.4.2　蛍　光　灯

　蛍光灯の管内には，水銀蒸気とアルゴンなどの不活性ガスの混合気体が充填されて

いる．管の内壁には蛍光物質が塗布してある．図 7.8 に蛍光灯の原理を示す．電極に電流を流し，電極を加熱する．その状態で電極間に高電圧を印加すると放電がおこる．放電により電極から放出された熱電子は水銀原子と衝突し，水銀が紫外線を放出する．紫外線の照射により管の内壁の蛍光物質が可視光を放射する．

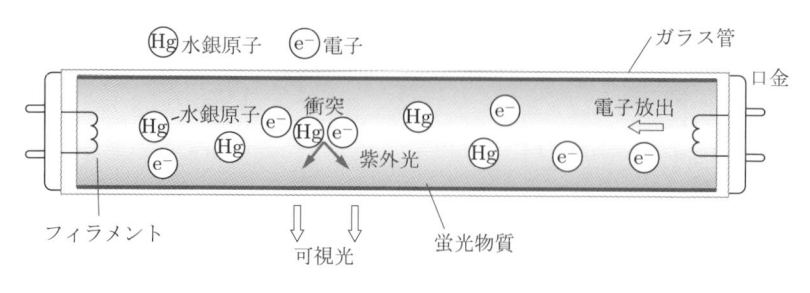

図 7.8 蛍光灯の原理

　蛍光灯内部ではアーク放電している．アーク放電は，電流が増加すると電圧が低下するという負性抵抗特性をもつ．そのため安定器を用いて安定した放電を続けられるようにする必要がある．商用周波数では直列にチョークコイルを接続し，合成インピーダンスを高くする．また，インバータにより高周波で放電させ，安定する方式もある．

　蛍光灯を点灯させるには，点灯回路（スタータ）を用いる必要がある．点灯回路を図 7.9 に示す．この回路は次のように動作する．

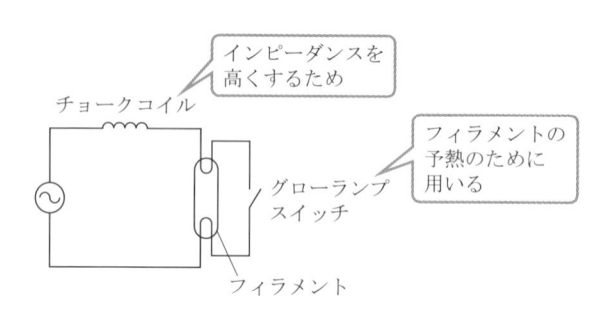

図 7.9 蛍光灯の点灯回路

① グローランプ（点灯管）内部で放電し点灯管回路に電流が流れる．
② グローランプを流れる電流が電極を加熱する．
③ グローランプのバイメタルにより放電が止まり，電流が流れなくなる．
④ チョークコイルの逆起電力で放電管に高電圧がかかり，電極間で放電する．放電により電極から熱電子が放出され，電子は水銀原子と衝突する．

　蛍光灯は 40 kHz 以上の高周波で点灯すると内部のプラズマが均一になり光束数が

増加する．そのためインバータ回路を用いて高周波点灯されることが多くなっている．インバータを用いると安定器，スタータは不要になる．蛍光灯用のインバータ回路を図 7.10 に示す．

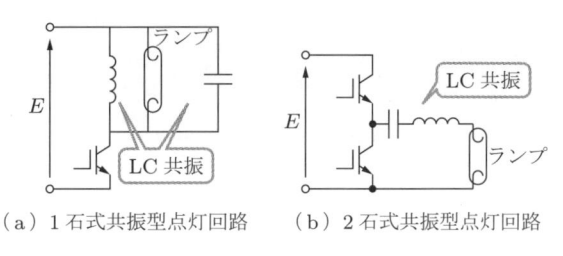

（a）1 石式共振型点灯回路　　（b）2 石式共振型点灯回路

図 7.10　蛍光灯点灯用インバータ回路

7.4.3　HID ランプ

HID（High Intensity Discharge lamp：高輝度放電ランプ）は，金属の高圧蒸気中のアーク放電を利用したランプである．電極間の放電プラズマの発光を利用するため熱電子放出用のフィラメントが不要である．そのため，蛍光灯より長寿命・高効率である．HID ランプの構造を図 7.11 に示す．発光管の内部に高圧ガスが封入されている．その外側には金属部材があり，石英ガラスの固定および電極への導体の役割をしている．

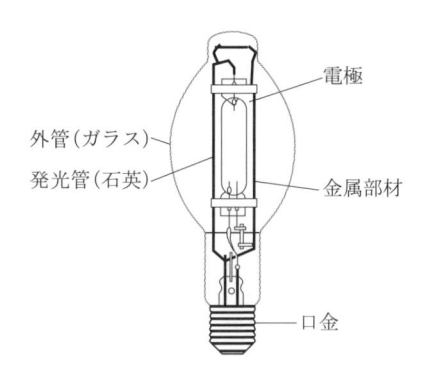

図 7.11　HID ランプの構造

高圧水銀ランプは，高圧水銀蒸気のアーク放電が可視光線を発光することを利用している．発光管の温度を高く保つため発光管の外側にさらに外管を設けている．発光管の温度上昇のため，安定な発光まで 5 分程度かかってしまうのが欠点である．内部の水銀蒸気は点灯中は 10 気圧近くの圧力である．

メタルハライドランプは，高圧水銀ランプの一種であるが水銀のほかに金属ハロゲン化物を添加している．添加物の組み合わせにより色や効率などが変化する．

高圧ナトリウムランプは，ナトリウム蒸気中のアーク放電を利用している．効率が高いので工場，屋外などでよく使われている．

なお，道路の照明などに使われる低圧ナトリウムランプは，低圧のナトリウム蒸気中の放電を利用しており，HID ランプではない．ナトリウム D 線という橙黄色の単色を発光する．この色の光は霧に対する透過性がよい．

7.4.4 LED 照明

LED 照明とは，発光ダイオード（LED: Light Emitting Diode）を使用した照明器具および照明方式をさす．LED は pn 接合に電流を流したときに電子と正孔が再結合することにより光を放出する半導体デバイスである．

pn 接合の p 型側に正の電圧を印加すると（順方向バイアスという）電流が流れる．このとき，電極から n 型，p 型それぞれの領域に電子と正孔が注入される．電子と正孔は pn 接合領域にて再結合して消滅する．再結合するとき，エネルギーを光として放出する．これが発光ダイオードの原理である．つまり，順方向電流を流すには禁制帯幅より大きな電圧を外部から与えればよい（図 7.12）．

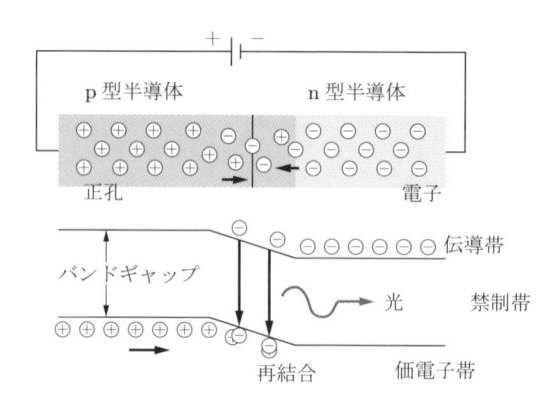

図 7.12 LED の原理

LED 照明の特徴を以下に示す．
(1) 長寿命・高信頼性であり，管球交換のような保守が不要である．LED 素子および回路の寿命まで使用できる．
(2) 低消費電力・低発熱である．発光効率は蛍光灯と同程度である．
(3) 高価格である．LED 素子以外に，駆動回路が必要である．さらに放熱板や配光

用のレンズ，散乱パネル等が必要である．

LED 照明器具は，図 7.13 に示すように形状から砲弾形 LED と表面実装形 LED に大別される．このような LED を配列して照明器具とする．

LED 素子は直流電流で点灯するが，照明器具としては PWM 制御により電流制御することが多い．そのため，高周波でオンオフしており，動画を撮ると映像にちらつきが生じたり，写真撮影で暗くなってしまったりすることがある．

(a) 砲弾形 LED　　　　　　(b) 表面実装形 LED

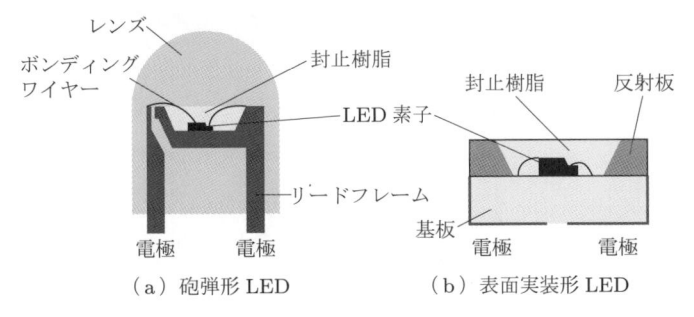

図 7.13 LED の形状

7.5　各種照明の比較

これまで述べてきた各種の照明の比較を表 7.3 にまとめる．

表 7.3 各種照明の比較

光源	LED	蛍光灯	白熱灯	HID
光源としての性質	点光源に近く，ツヤや立体感の表現に優れている．	熱線や紫外線をほとんど含まない．	拡散光で影がでにくい．	光量が大きく，高効率である．非住宅屋外に適する．
点灯	低温時でも瞬時に点灯する．点滅に強い．	低温時に明るくなるまで時間がかかる．点滅に弱い．	低温時でも瞬時点灯する．容易に調光が可能．点滅に強い．	始動・再点灯に時間がかかる．
寿命	約 40000 時間	約 10000 時間	約 1000 時間	約 10000 時間
発光効率 [lm/W]	100	60（商用周波数）100（インバータ）	15	130（高圧ナトリウムランプ）

各種資格試験の出題例

本章に関する内容は，以下のようにさまざまな資格試験で取り上げられている．問題によっては，本書の内容をこえるものがあるが，本書の説明でもある程度は理解できるはずである．ぜひ本書をスタートにそれぞれの専門書等で勉強を深めこれらの資格に挑戦してほしい．解答と出典は巻末を参照のこと．

7.1 　図 A のように光源から 1 [m] 離れた a 点の照度が 100 [lx] であった．図 B のように光源の光度を 4 倍にし，光源から 2 [m] 離れた b 点の照度 [lx] は．
　　　イ．50　　ロ．100　　ハ．200　　ニ．400

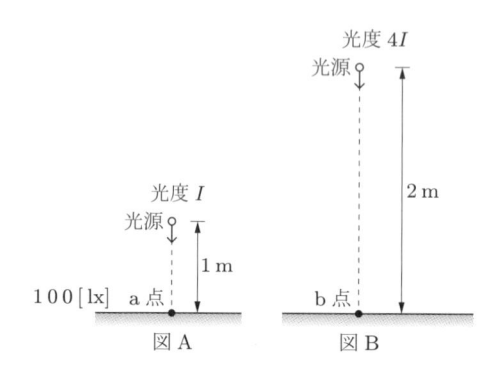

図 A　　図 B

(第一種電気工事士　筆記試験)

7.2 　電源を投入してから，点灯するまでの時間がもっとも短いものは．
　　　イ．ラピッドスタート形蛍光ランプ　　ロ．メタルハライドランプ
　　　ハ．高圧水銀ランプ　　ニ．高圧ナトリウムランプ

(第一種電気工事士　筆記試験)

7.3 　定格電圧 100 [V]，定格消費電力 100 [W] の白熱電球に関する記述として，正しいものは．
　　　イ．点灯していないときに，回路計（テスタ）で抵抗値を測定すると 1000 [Ω] を示す．
　　　ロ．2 個を並列に接続して，100 [V] を加えると合計で 50 [W] の電力を消費する．
　　　ハ．電源電圧が 95 [V] で使用しても，105 [V] で使用しても寿命はほとんど変わらない．
　　　ニ．周波数が 50 [Hz] で使用しても，60 [Hz] で使用しても消費電力は同じである．

(第一種電気工事士　筆記試験)

7.4 　電磁波の波長を短い順に左から右に並べたものとして，正しいものは．
　　　イ．X 線→赤外線→可視光線→紫外線
　　　ロ．X 線→紫外線→可視光線→赤外線
　　　ハ．赤外線→可視光線→紫外線→ X 線

ニ．紫外線→可視光線→赤外線→X線

(第一種電気工事士　筆記試験)

7.5 次の文章は，照明用 LED（発光ダイオード）に関する記述である．

効率の良い照明用光源として LED が普及してきた．LED に順電流を流すと，LED の pn 接合部において電子とホールの ア が起こり，光が発生する．LED からの光は基本的に単色光なので，LED を使って照明用の白色光をつくるにはいくつかの方法が用いられている．代表的な方法として， イ 色 LED からの イ 色光の一部を ウ 色を発光する蛍光体に照射し，そこから得られる ウ 色光に LED からの イ 色光が混ざることによって擬似白色光を発生させる方法がある．この擬似白色光のスペクトルのイメージをよく表わしているのは図 エ である．

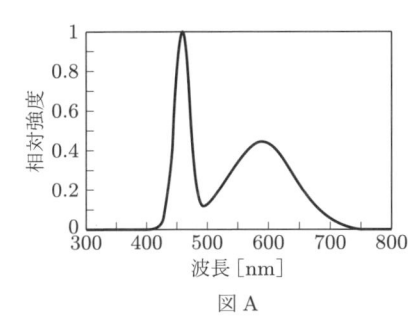

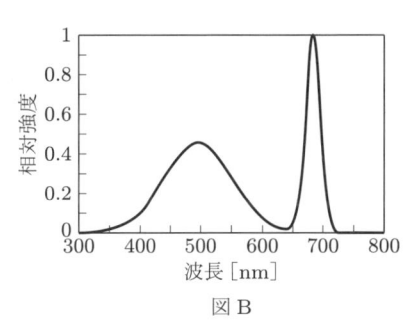

図 A

図 B

上記の記述中の空白箇所（ア）（イ）（ウ）及び（エ）に当てはまる組み合せとして，正しいものを次の (1)～(5) のうちから一つ選べ．

	（ア）	（イ）	（ウ）	（エ）
(1)	分離	青	青緑	A
(2)	再結合	赤	黄	A
(3)	分離	青	黄	B
(4)	再結合	青	黄	A
(5)	分離	赤	青緑	B

(第三種電気主任技術者　機械科目)

7.6 図に示すように，床面上の直線距離 3 [m] 離れた点 O 及び点 Q それぞれの真上 2 [m] のところに，配光特性の異なる 2 個の光源 A, B をそれぞれ取り付けたとき，$\overline{OQ}$ 線上の中点 P の水平面照度に関して，次の (a) 及び (b) に答えよ．

ただし，光源 A は床面に対し平行な方向に最大光度 I_0 [cd] で，この I_0 の方向と角 θ をなす方向に $I_A(\theta) = 1000\cos\theta$ [cd] の配光をもつ．光源 B は全光束 5000 [lm] で，どの方向にも光度が等しい均等放射光源である．

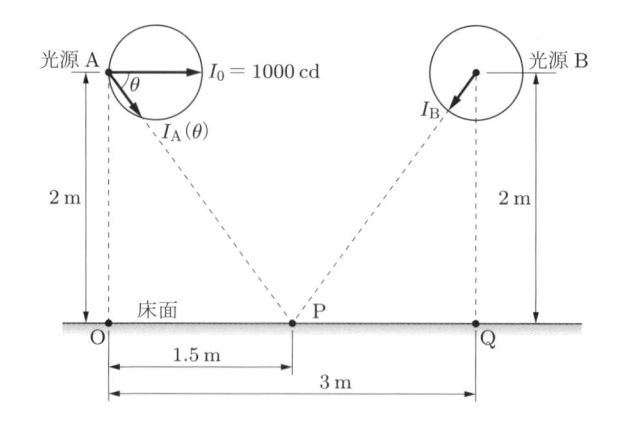

(a) まず，光源 A だけを点灯したとき，点 P の水平面照度 [lx] の値として，最も近いのは次のうちどれか．
(1) 57.6　　(2) 76.8　　(3) 96.0　　(4) 102　　(5) 192

(b) 次に，光源 A と光源 B の両方を点灯したとき，点 P の水平面照度 [lx] の値として，最も近いのは次のうちどれか．
(1) 128　　(2) 141　　(3) 160　　(4) 172　　(5) 256

（第三種電気主任技術者　機械科目）

7.7　間口 10 [m]，奥行き 40 [m] のオフィスがある．夏季の節電のため，天井の照明を間引き点灯することにした．また，間引くことによる冷房電力の削減効果も併せて見積もりたい．節電電力（節電による消費電力の減少分）について，次の (a) 及び (b) の問に答えよ．

(a) このオフィスの天井照明を間引く前の作業面平均照度は 1000 [lx]（設計照度）である．間引いた後は 750 [lx]（設計照度）としたい．天井に設置してある照明器具は 2 灯用蛍光灯器具（蛍光ランプ 2 本と安定器）で，消費電力は 70 [W] である．また，蛍光ランプ 1 本当たりのランプ光束は 3520 [lm] である．照明率 0.65，保守率 0.7 としたとき，天井照明の間引きによって期待される節電電力 [W] の値として，最も近いものを次の (1)〜(5) のうちから一つ選べ．
(1) 420　　(2) 980　　(3) 1540　　(4) 2170　　(5) 4340

(b) この照明の節電によって照明器具から発生する熱が減るためオフィスの空調機の熱負荷（冷房負荷）も減る．このため，冷房電力の減少が期待される．空調機の成績係数（COP）を 3 とすると，照明の節電によって減る空調機の消費電力は照明の節電電力の何倍か．最も近いものを次の (1) 〜(5) のうちから一つ選べ．
(1) 0.3　　(2) 0.33　　(3) 0.63　　(4) 1.3　　(5) 1.33

（第三種電気主任技術者　機械科目）

7.8 照明用光源の性能評価と照明施設に関する記述として，誤っているものを次の (1)～(5) のうちから一つ選べ．
(1) ランプ効率は，ランプの消費電力に対する光束の比で表され，その単位は [lm/W] である．
(2) 演色性は，物体の色の見え方を決める光源の性質をいう．光源の演色性は平均演色評価数（Ra）で表される．
(3) ランプ寿命は，ランプが点灯不能になるまでの点灯時間と光束維持率が基準値以下になるまでの点灯時間とのうち短いほうの時間で決まる．
(4) 色温度は，光源の光色を表す指標で，これと同一の光色を示す黒体の温度 [K] で示される．色温度が高いほど赤みを帯び，暖かく感じる．
(5) 保守率は，照明施設を一定期間使用した後の作業面上の平均照度の，新設時の平均照度に対する比である．なお，照明器具と室の表面の汚れやランプの光束減退によって照度が低下する．

（第三種電気主任技術者　機械科目）

7.9 ハロゲン電球では，　ア　バルブ内に不活性ガスとともに微量のハロゲンガスを封入してある．点灯中に高温のフィラメントから蒸発したタングステンは，対流によって管壁付近に移動するが，管壁付近の低温部でハロゲン元素と化合してハロゲン化物となる．管壁温度をある値以上に保っておくと，このハロゲン化物は管壁に付着することなく，対流などによってフィラメント近傍の高温部に戻り，そこでハロゲンと解離してタングステンはフィラメント表面に析出する．このように，蒸発したタングステンを低温部の管壁付近に析出することなく高温部のフィラメントへ移す循環反応を，　イ　サイクルと呼んでいる．このような化学反応を利用して管壁の　ウ　を防止し，電球の寿命や光束維持率を改善している．

また，バルブ外表面に可視放射を透過し，　エ　を　オ　するような膜（多層干渉膜）を設け，これによって電球から放出される　エ　を低減し，小形化，高効率化を図ったハロゲン電球は，店舗や博物館などのスポット照明用や自動車前照灯用などに広く利用されている．

上記の記述中の空白箇所ア，イ，ウ，エ及びオに当てはまる語句として，正しいものを組み合わせたのは次のうちどれか．

	ア	イ	ウ	エ	オ
(1)	石英ガラス	タングステン	白濁	紫外放射	反射
(2)	鉛ガラス	ハロゲン	黒化	紫外放射	吸収
(3)	石英ガラス	ハロゲン	黒化	赤外放射	反射
(4)	鉛ガラス	タングステン	黒化	赤外放射	吸収
(5)	石英ガラス	ハロゲン	白濁	赤外放射	反射

（第三種電気主任技術者　機械科目）

7.10 蛍光ランプの高周波点灯の基本原理を述べ，調光方法を2種類挙げよ．

(技術士第二次試験　電気電子部門　電気応用科目)

7.11 建物内の照明設備について，省エネルギー化に関する電気的な方策の現状と今後の展開を述べよ．

(技術士第二次試験　電気電子部門　電気応用科目)

7.12 近年，省エネルギー照明として LED 照明が普及しつつある．LED 照明に関する以下の各問いに解答せよ．
(1) LED の発光原理を述べ，さらに種々の光色が発光できる理由を説明せよ．
(2) LED 照明の特徴を他の照明と比較して説明せよ．
(3) LED 照明がどのように使用されているか，3例を挙げて説明せよ．
(4) LED 照明に関する課題と将来展望を述べよ．

(技術士第二次試験　電気電子部門　電気応用科目)

7.13 次の文章は，光源の光性能の表し方に関する記述である．文中の ▢ に当てはまる最も適切なものを（解答群）の中から選びなさい．

光源の光に関する性能は， (1) ， (2) ， (3) ，光源色，演色性などで表される．

(1) は，光源がすべての方向に放出する放射束のうち，人間の目の感度に基づいて評価した量の総和である．人の明るさ感覚に関係する光源の性能を表す場合に用いられる．

(2) は，光源が発生する (1) を，その光源の消費電力で除した値である．光源の省エネルギー性の評価などに用いられる．

(3) は，光源から空間に放射される光度，すなわち，光の強さの分布である．

光源色は，光源から放射される光の色である．白色光源の光が，赤みを帯びているか，青みを帯びているかを表す指標であり，一般に (4) で区分される．

演色性は，光源で照明した種々の物体の色の見えに及ぼす光源の特性である．日本工業規格（JIS）に規定されている演色評価数は，評価しようとする光源で照明したときの色の見えが， (5) で照明したときの見えにどれだけ近いかで評価される．見えが同じ場合を100とし，差が大きくなるに従って小さな値をとる．

（解答群）

(イ) 照度分布	(ロ) マンセル	(ハ) 基準の光	(ニ) 自然光
(ホ) 白色度	(ヘ) 視感効率	(ト) 全放射束	(チ) 光源効率
(リ) 照明効率	(ヌ) 色温度	(ル) 配　光	(ヲ) 輝度分布
(ワ) 全光量	(カ) 全光束	(ヨ) 標準の光	

(第二種電気主任技術者一次試験　機械科目)

8 冷凍と空調

夏季の電力需要のピークは空調電力により決まるといわれている．電気エネルギーの消費および利用を考えるとき，空調は欠かすことができない．また，空調のほか，冷凍，冷蔵にも多くの電気エネルギーが使われている．本章では冷凍，空調の基本について述べる．冷凍，空調を理解するために，まず，熱力学の基本から述べてゆく．

8.1 冷凍サイクル

空調機，冷凍機などでは冷媒とよばれるガスを循環させている．冷媒とは，熱を移動させるために使用される熱媒体を指す．冷媒は，機器の内部で蒸発→圧縮→凝縮→膨張の四つの状態変化を繰り返している．このうちの蒸発作用のとき，対象物体を冷却する．凝縮作用のとき対象物体を加熱する．このような状態変化の循環を冷凍サイクルとよんでいる．

冷凍サイクルは圧力 [MPa] を縦軸，比エンタルピー [kJ/kg] を横軸とした p–h 線図の上で表される．p–h 線図はモリエル線図ともよばれる．図 8.1 に p–h 線図を示す．p–h 線図では冷媒の状態は三つの領域に分けられる．図の左側の領域は冷媒が飽和溶液の状態を示す領域である．この状態の冷媒を過冷却液とよぶ．中央の舌状の曲線の内側の状態を湿り蒸気とよぶ．乾いた蒸気と飽和液が混じった状態である．また，右側の領域の状態を過熱蒸気とよぶ．

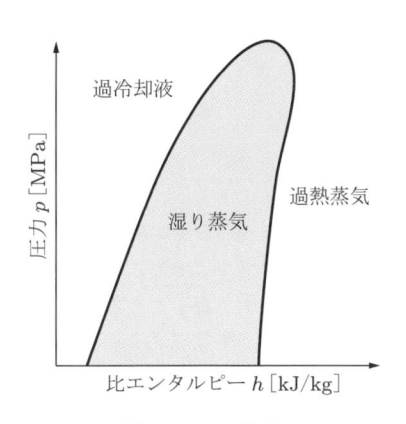

図 8.1　p–h 線図

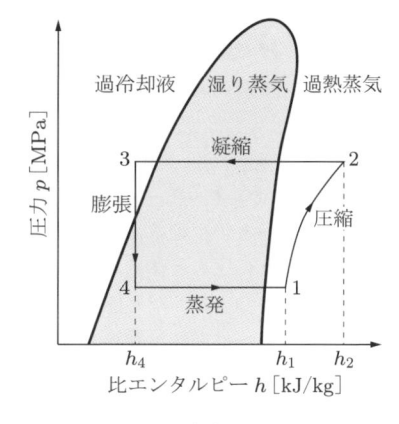

図 8.2　冷凍サイクル

p–h 線図上に冷媒の状態の変化を示したものを図 8.2 に示す．この循環的な変化を冷凍サイクルという．それぞれ，点 1 → 点 2 間は圧縮，点 2 → 点 3 間は凝縮，点 3 → 点 4 間は膨張，点 4 → 点 1 間は蒸発という冷媒の状態の変化を表している．

圧縮により点 1 から点 2 へ移動するときには圧力が増加するとともに比エンタルピーも h_1 から h_2 に増加している．一方，点 2 から点 3 の凝縮では同じ圧力で比エンタルピーのみ h_2 から h_4 へ低下している．同じ圧力で冷媒の比エンタルピーを低下させるということは冷媒から熱を取り出すことである．つまり，このとき，外部の対象物質を加熱する．同様に点 4 から点 1 の蒸発においては比エンタルピーが増加する．このとき冷媒は外部から熱を奪う．つまり，対象物を冷却する．これが冷凍サイクルの原理である．

冷凍サイクルを実現するための機器構成を図 8.3 に示す．凝縮器（コンデンサ），膨張弁，蒸発器（エバポレータ），圧縮機（コンプレッサ）から構成されている．これが冷凍空調機器の基本構成である．

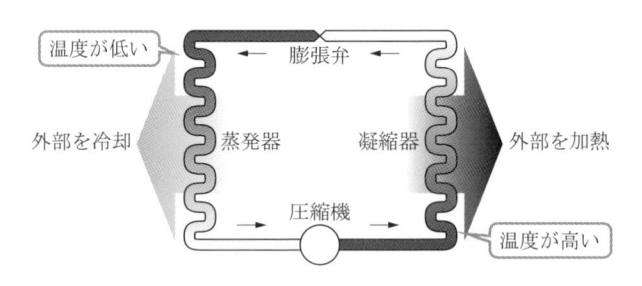

図 8.3 冷凍機，空調機の基本構成

COLUMN

エンタルピー H とは

エンタルピーは次のように定義されます．

$$H = U + PV$$

ここで，U は内部エネルギー，P は圧力，V は体積です．

内部エネルギーというのは，その物体のもつ運動エネルギーと位置エネルギーをあわせたものです．これに圧力と体積という状態を加えているエンタルピーとは，熱力学的な状態を表す量です．つまり，同じ圧力のときエンタルピーは温度を表すと考えてよいでしょう．比エンタルピーは単位質量当たりのエンタルピーであり，単位は J/kg で表します．

冷凍や空調の性能は冷凍能力で表される．冷凍能力とは，1時間当たりに除去できる熱流量 [kJ/h] である．近年，冷凍能力は，[kW] が使われることも多い．両者の換算は次のように表される．

$$3600\,\mathrm{kJ/h} = 1\,\mathrm{kW}$$

成績係数は冷凍サイクルの効率を示す数値で，COP（Coefficient Of Performance）ともよばれる．COP は冷凍空調機器をある一定の温度条件の下で運転した場合（定格条件）の消費電力 1 kW 当たりの冷凍能力または空調能力を表す．すなわち，冷房機器の場合，冷房の COP は冷房能力（kW）÷冷房消費電力（kW），により求められる．COP（成績係数）は省エネ性を表す数値である．また，ヒートポンプでは凝縮器で放熱する熱を暖房や加熱に利用するため，成績係数は冷房の成績係数より大きく，原理的には冷房の成績係数プラス 1 となる．なお，成績係数は効率ではないので通常は 1 以上の値である．

冷凍トンとは，0℃ の水 1 トン（1000 kg）を 1 日（24 時間）で 0℃ の氷にするために取り去る熱量のことである．単位は [Rt] である．冷凍トンを冷凍能力の単位として用いることもある．

$$1\,\mathrm{Rt} = 3.861\,\mathrm{kW}$$

である．なお，米国では 1 冷凍トンの定義を「0℃ の水 2000 ポンドを，24 時間で 0℃ の氷に相転移させることができる冷凍能力」としている．わが国の冷凍トンと区別するため，アメリカ冷凍トン [USRt] とよばれる．

$$1\,\mathrm{USRt} = 3.515\,\mathrm{kW}$$

世界的には，いまだにアメリカ冷凍トンが使用されることが多い．

8.2 冷 凍

冷凍機とは，冷たい熱（冷熱）を作るための大型の機械（熱源）とシステムを指す．ヒートポンプにより温熱を利用して対象物を加熱する場合も冷凍機とよぶことが多い．冷凍機は原理により，蒸気圧縮冷凍機と吸収冷凍機に大別される．

8.2.1 蒸気圧縮冷凍機

蒸気圧縮冷凍機は冷媒ガスを圧縮機で圧縮し，冷凍サイクルを利用して冷媒の気化熱で対象物の熱を取り去るものである．最も一般的な冷凍機である．圧縮機の駆動にはモーターが多く使用される．このほかガスエンジン，ガスタービン，蒸気タービン

などを利用するものもある．

蒸気圧縮冷凍機は機器そのものが小さく，安価に実現できることが特徴である．成績係数は比較的よい．しかし，冷媒の液化のために冷媒を冷却する必要がある．冷却のための熱源に水を使う場合を水冷とよび，空気を使う場合を空冷とよぶ．屋上で見かけるクーリングタワーは水冷方式で使われる水の冷却に使われている．図 8.4 に空冷方式と水冷方式の原理を示す．

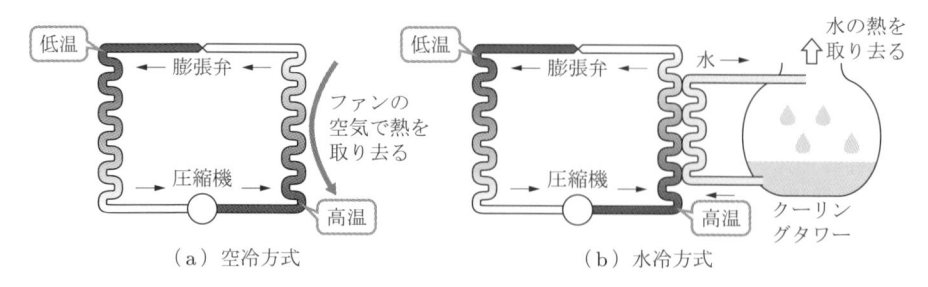

図 8.4 空冷方式と水冷方式

また，冷凍機が冷却する対象を直接冷却する場合，直接冷却方式とよび，間接的に冷却する場合を間接冷却方式とよぶ．

(1) 直接冷却方式

直接冷凍方式は直接膨張冷凍機とよばれる．図 8.5 に示すように冷却する場所まで冷媒を導入し，そこで冷媒を蒸発させ対象物の熱を奪う．冷凍室や冷蔵室内部に冷媒の蒸発器がある．この方式は冷凍機の基本的な方式である．しかし，冷媒の配管が必要である．アンモニアなどを冷媒に使う場合，冷媒の漏れなどに注意を要する．

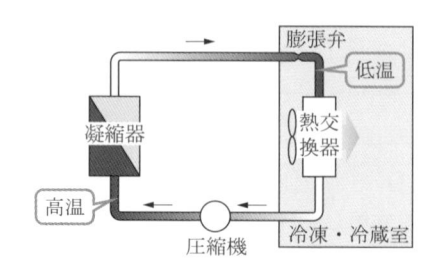

図 8.5 直接蒸発式冷凍機

(2) 間接冷却式

冷凍機と冷却対象を分離したものを間接冷却方式という．図 8.6 に示すように冷媒ガスを使った冷凍サイクルによって，水などの液体を冷却する．この低温の液体を移

送することにより対象物を冷却する．このような液体をブライン[*1]（二次冷媒）という．ブラインには水のほかアルコール溶液，塩化カルシウム水溶液なども使われる．とくに冷却水のための冷凍機をチラーとよぶ．間接冷却式は冷凍サイクル部分が独立しており，一つのパッケージとして扱える．設置や管理が容易なため数多く使われている．ただし，ブラインを液送するためのポンプが必要で，このポンプの消費電力が問題になる場合がある．

蒸気圧縮式冷凍機はこのほかに，圧縮機の形式によってターボ冷凍機，スクリュー冷凍機，スクロール冷凍機などと分類してよばれることもある．

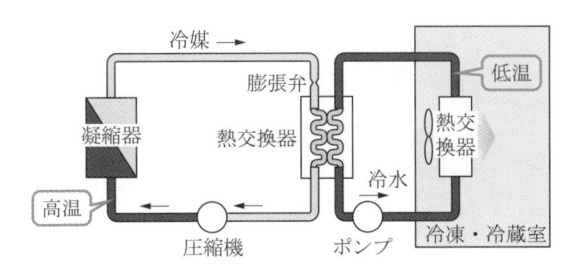

図 8.6 間接式冷凍機

8.2.2 吸収式冷凍機

吸収式冷凍機は，吸収剤に冷媒を吸収させ，吸収剤を循環させることにより，冷対象物の熱を奪う冷凍機である．冷媒の気化により低温を得る原理は蒸発式冷凍機と同様である．吸収式冷凍機は図 8.7 に示すように蒸発器，吸収器，再生器，擬縮器により構成される．

蒸発器に液化した冷媒を導入すると，液化した冷媒はブライン配管から熱を奪い蒸発する．冷媒ガスは吸収器に送られ，吸収剤に吸収される．冷媒を吸収した吸収剤は再生器に送られる．再生器では，濃度の薄くなった吸収剤を加熱し，冷媒を蒸発させる．吸収剤から出た冷媒ガスは凝縮器で冷却され，液化される．水蒸気が凝縮する際に発生する熱は外部に排出される．液冷媒は再び蒸発器に戻される．一方，再生器で濃くなった吸収剤は再び吸収器に戻される．このようにして再生器で熱を外部から与えることにより冷凍を行う．空調用では冷媒は水，吸収剤は臭化リチウムを用いる．冷凍用では冷媒にアンモニアを用い，吸収剤には水を用いることが多い．

吸収式冷温水機の大きな特長は各種の熱源が使えることである．都市ガス，LP ガス，石油などの燃料の燃焼のほか，工場等から排出される排熱（温水，排ガス，蒸気）

[*1] 元来は塩水のことを意味していたが，冷凍の分野では間接冷凍法に使用する二次冷媒を意味する．不凍液ともよばれる．

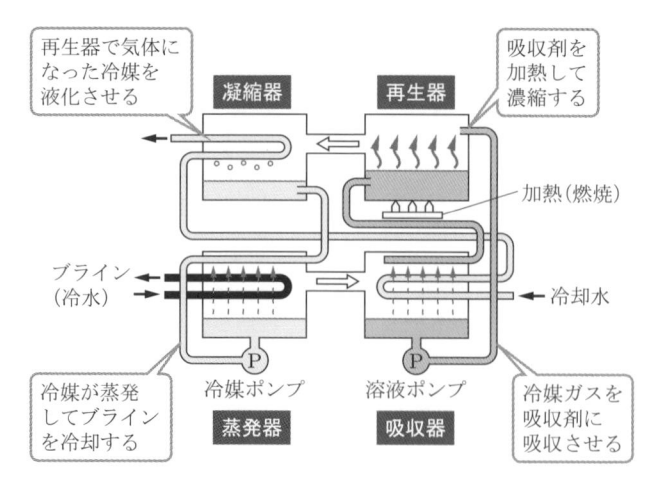

図 8.7　吸収式冷凍機の原理

や太陽熱も利用可能である．近年では燃料電池の排熱を利用することも考えられている．なお，吸収式冷凍機はブラインを冷却する間接冷却方式に使われる．

また，吸収剤に代えてシリカゲル，ゼオライトなどの吸着剤に水蒸気を吸着させ，乾燥，吸収をサイクルとする吸着冷凍方式というものが出現している．冷媒が不要であり，ノンフロンの冷凍機として使用することが考えられている．

8.3　空　調

空調（空気調和）とは人間にとって快適になるように，あるいは作業などに適当な温度・湿度・空気清浄度になるように室内環境を調整することである．空調するための設備を空気調和設備（空調設備）とよぶ．人に対しての空気調和を対人空調，物品に対してはプロセス空調とよばれる．空調方式は熱の輸送方法により分類されている．

8.3.1　空調方式

(1) 全空気方式

全空気方式は，熱輸送に空気のみを用いる．中央式空調でよく用いられる．ダクトとよばれる金属の管で温度調節した空気を輸送する．換気が容易であり，すべて外気を使った冷房も可能である．

一般的には一つのダクトを用いて冷房も暖房もそれで行う．ダクトの送風を定風量方式にする場合，温度調節は送風温度を変更することにより行う．また，温度調節を風量変更で行う方式もある．

(2) 水方式

　水方式は，熱輸送に水を使用する．温度調節された水を配管で移送する．そのため，冷温風用の大きなダクトは不用である．しかし，換気のための換気扇が別途必要である．一般的にはファンコイル方式とよばれる．ファンコイルユニットは熱交換器，送風機，エアフィルタが内蔵された室内ユニットを指し，ファンコイルユニットに冷水または温水を供給し温度調節を行う．ファンコイルユニットの構造を図 8.8 に示す．

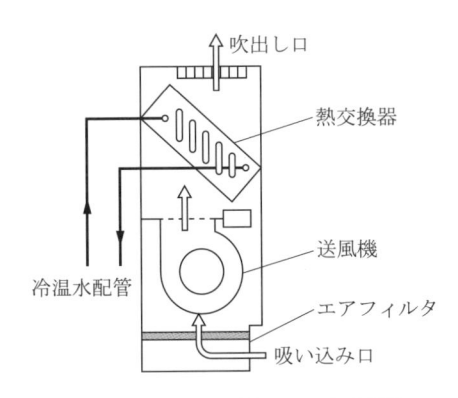

図 8.8　ファンコイルユニットの構造

(3) 冷媒方式

　冷媒方式とは，空調する場所に冷媒の蒸発器を配置する直接冷却方式である．冷媒配管で冷媒を移送する．室内機と室外機があり，その間を冷媒配管で接続する．図 8.9 に示すルームエアコンが代表的なものである．小型の建物では最も多く採用されている方式である．他の方式に比較し，COP が高い．空調機器を個別分散配置するため，空調機器の対象とする空間が小さくなる．そのため，温度制御が容易で，しかも，省

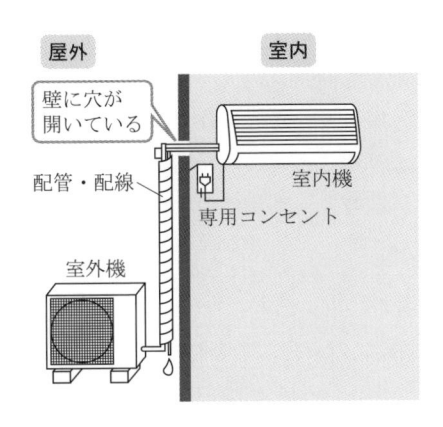

図 8.9　ルームエアコン

エネルギー性に優れている．

8.3.2 空調負荷

　空調負荷とは，室内をある一定の温湿度に保つために空気から取り除く，または供給すべき熱量である．熱負荷ともいう．冷房時は室内温度を外気温度よりも下げる．そのため，空調により，外部から室内に入ってくる熱量，および，室内で発生する熱量を取り除かないと室温を保つことができない．暖房時は，その逆に，室内から逃げてゆく熱量を空調により加える必要がある．空調負荷は室内の空気の温度を示している．つまり，日射により床が暖められただけでは冷房の負荷とはならず，床が室内の空気をどの程度暖めるかが冷房負荷である．空調機とは，ある部屋の空調負荷を補給するための役割をしているといえる．空調負荷により必要な冷暖房機器の容量がわかる．
　空調負荷には図8.10に示すように次のようなものがある．

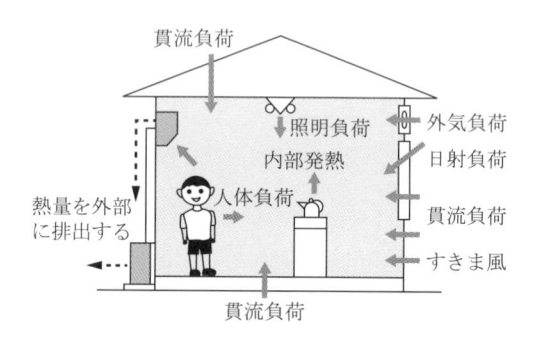

図 8.10 空調負荷（冷房時）

貫流負荷：壁，窓を通して伝わる熱．
外気負荷：換気による室外空気の導入．
照明負荷：照明器具の発生する熱．
日射負荷：日射により壁，床などが暖められ，室内空気に伝わる熱．
人体負荷：人間の活動により生じる熱．
その他：室内機器の発熱，隙間風，空調機のオンオフによる蓄熱など．

　空調は，温度または湿度を保つために行う．したがって，空調負荷は顕熱だけでなく，潜熱も考える必要がある．単に温度を検出して冷風を供給すると，温度を一定に保つために顕熱も潜熱も同時に取り去ることになり，湿度は成り行きとなる．しかし，まず湿度（潜熱）を取り去り，その後，所定の温度に再加熱して顕熱を調整すれば温度湿度とも調節可能である．このような方式は，セントラル方式などの大型の空調機

や再熱除湿とよばれる方式で行われている．潜熱を表すため，空調の分野では通常使われる相対湿度（％RH）だけでなく，空気中の水分量を表す絶対湿度[*1]も使われる．

8.4 エアコン

エアコンとは，エアコンディショナーの略称である．室内の空気の温度や湿度などを調整する空調機械である．パッケージエアコン，ルームエアコン，カーエアコンなどがある．冷媒ガスを使った蒸気圧縮式冷凍機を用いて，空調する場所に蒸発器を置いた冷媒方式の空調機である．

8.4.1　ルームエアコンとパッケージエアコン

ルームエアコンは家庭用エアコンともよばれ，住宅やビルの小さな部屋などを空調するための空冷小型エアコンを指している．一方，店舗や事務所などの比較的広い部屋を空調するものを業務用エアコン（パッケージエアコン）とよんでいる．ルームエアコンには，すべての機器が一体となった一体型（窓用）と，室外機と室内機を冷媒配管で接続するセパレート型の2種類に大別される．わが国では室内機を壁掛け方式にしたセパレート型が多く使われる．一方，欧米では一体型がよく使われている．

エアコンの基本構成は冷凍機と同様であるが，膨張弁に代えて毛細管（キャピラリチューブ）が用いられている．また，ヒートポンプ式エアコンは冷房と暖房の運転が可能である．冷房と暖房では凝縮器，蒸発器を入れ換えるために冷媒の流れの切り換えに四方弁が用いられる．冷房および暖房の冷媒の流れと動作状態を図 8.11 に示す．

なお，わが国で販売されているルームエアコンは，ほぼ全数がインバータを搭載し，圧縮機（コンプレッサ）の回転数を制御している．回転数制御により，さまざまな温

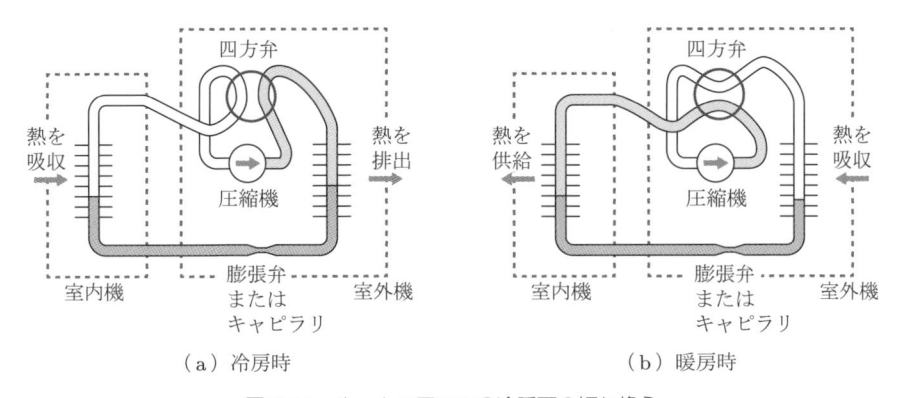

図 8.11　ルームエアコンの冷暖房の切り換え

（a）冷房時　（b）暖房時

[*1] 体積 1 立方メートルの空気中に含まれる水蒸気の量を単位 [g] で表す．

度条件で最適な冷房能力となるように制御している．そのため，ある温度条件でのみの性能を示している成績係数（COP）では，ルームエアコンの性能を表すことは難しい．実際のエアコンの運転中の冷暖房能力や消費電力は，室温や外気温により変化しており，表示されている COP 値と同じ効率で運転しているわけではない．そこで，ルームエアコンの実使用状態を想定した省エネ性能を示す指標として APF（Annual Performance Factor：通年エネルギー消費効率）が用いられるようになっている．

$$\text{APF} = \frac{\text{冷房期間中に発揮した能力の総和} + \text{暖房期間中に発揮した能力の総和}}{\text{冷房期間中の消費電力量の総和} + \text{暖房期間中の消費電力量の総和}}$$

APF を算定するため，標準的な外気温度の発生時間を定めて，能力，消費電力を積算する．

ルームエアコンの圧縮機（コンプレッサ）を図 8.12 に示す．この図はロータリーコンプレッサを示している．コンプレッサは圧力容器の内部に配置され，モーターと圧縮機構（シリンダ）が内蔵されている．蒸発器から低温の冷媒ガスを吸入し，圧縮して高温高圧のガスにして凝縮器へ吐出するはたらきをしている．コンプレッサのモーターは吐出側の高温のガス雰囲気内に配置されている．このようなモーターはハーメチックモーターとよばれ，高温環境ばかりでなく，冷媒ガスによる腐食にも耐えられるような材料が用いられている．モーターには誘導モーター，ブラシレスモーター，および IPM モーターが用いられる．

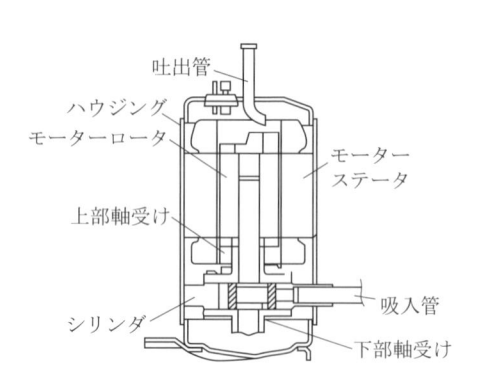

図 8.12　エアコン用ロータリーコンプレッサ

8.4.2　電動カーエアコン

自動車に取り付けてあるエアコンはカーエアコンとよばれる．電動カーエアコンでの冷房は通常のルームエアコンと同じようにコンプレッサにより冷媒を圧縮する．しかし，カーエアコンの場合，冷房のみの動作で，暖房はエンジンの排熱を利用する（電

気自動車の場合，暖房は電気ヒーターを使用する）．

　従来のエンジン車のカーエアコンを図 8.13 に示す．圧縮機はエンジンとベルトで連結され，クラッチの断続によってオンオフされる．凝縮器は車両前方のエンジンルーム内に配置され，車室内のクーリングユニットに蒸発器がある．クーリングユニットには膨張弁も備えられている．

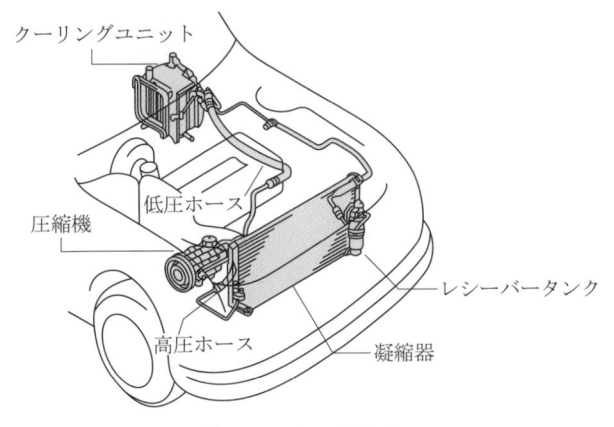

図 8.13　カーエアコン

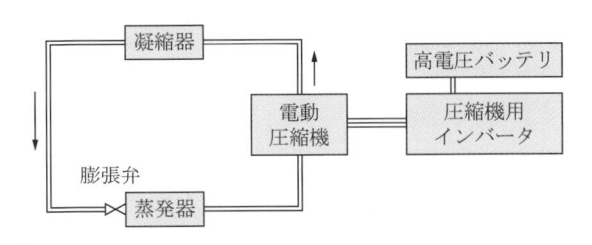

　一方，電動カーエアコンはエンジンの動力ではなく，バッテリによってモーター駆動するカーエアコンである．もともと電気自動車にはエンジンがないため，電動カーエアコンが用いられてきた．しかし，ハイブリッド自動車でもエンジンを停止させて走行する際の空調，およびアイドルストップ時での空調の必要性から，電動カーエアコンの採用が広がっている．

　電動カーエアコンの概要を図 8.14 に示す．バッテリの直流電力を用いて，インバータにより圧縮機内部の交流モーターを駆動する．従来のカーエアコンでは圧縮機の回転数はエンジンの回転数に対応していた．そのため，高速走行では圧縮機の回転数が高く，逆にアイドリング時には回転数が低かった，電動カーエアコンはインバータにより回転数が制御できるので，車速にかかわらず適切な空調ができるようになった．

図 8.14　電動カーエアコン

さらに，エンジン停止中でも冷房が可能であり，駐車中にエンジンをかけることなしに，車内を予冷しておくこともできるようになっている．

カーエアコンの場合，冷房ばかりでなく，窓の霜取りやくもり取り（デフォッグ/デフロスト）が重要な機能である．冷風と温風を送風機の制御により切り換える．なお，ヒートポンプにより電動カーエアコンで暖房を行う試みも行われている．

8.5　ヒートポンプ

ヒートポンプは低温物質から熱をくみ上げて，熱エネルギーを高温物質に移動させてその熱を利用するためのものである．熱をくみ上げて移動させるのでヒートポンプとよばれている．ヒートポンプは空調（暖房）ばかりでなく，冷温水の熱源[*1]として産業用，家庭用に利用されている．

ヒートポンプの原理は冷凍サイクルである．いま圧縮という機械的仕事をするため，圧縮機のモーター入力電力を W とする．高温熱源へ放出する熱量を Q_2，低温熱源で吸収する熱量を Q_1 とすると，次の関係になる．

$$Q_2 = Q_1 + W$$

一般のヒーター加熱などの場合，利用できる熱量はヒーター入力そのものであり，$Q_2 = W$ となる．つまり，入力電力以上は利用できない．ヒートポンプの場合，Q_2/W は1より大きくなり，放出熱量は入力電力より大きい．冷凍機と同様に，Q_2/W をCOPという．通常，圧縮機用モーター入力の3～6倍の熱が利用できる．低温側の熱源は通常，空気または水を用いる．空気や水のもつ熱エネルギーを利用するのである．

ヒートポンプは定格負荷で高いCOPをもつため，産業用には省エネルギー可能な熱源として広く使われている．しかし，負荷が小さい場合，圧縮機モーターの回転数が変わらないと圧縮比が小さくなり，必要なトルクが小さくなる．負荷トルクが小さいとモーター効率は一般的に低下する．したがって，負荷が小さくても入力電力はそれほど低下しない．ところがモーターの回転数を制御して回転数を下げれば冷媒の流量が低下し，入力電力が大幅に低下できる．さらにモーターの回転数を下げて冷媒の流量が少なくなれば，相対的に大きな熱交換器を使うことになるため，システム全体としてのCOPが向上する．そのため，ルームエアコンと同様に産業用熱源に使われるヒートポンプもインバータ駆動されている．

中容量以下では，スクロール型やレシプロ型などの容積式圧縮機が使われる．これらはパッケージエアコンと類似である．大容量では，ターボ型などの遠心式圧縮機が

[*1] 高温の利用のためばかりでなく冷却のための低温も熱源とよぶ．

用いられる．ターボ圧縮機は誘導モーターで駆動されており，速度制御には汎用インバータが使われている．

ヒートポンプは産業用には温水供給，乾燥などの比較的低温の用途に多く使われている．また，ヒートポンプにより，中温の排熱が回収できることになり，工場全体での省エネルギーに効果がある．さらに，蒸気が不要になり，ボイラーの使用が廃止できることも省資源省エネルギーの効果として挙げられる．

家庭用のヒートポンプ式給湯器はエコキュートと通称されている．深夜電力によりヒートポンプで温水を製造し貯蔵するシステムである．給湯のほかに床暖房の温水を供給できるものもある．図8.15にエコキュートのしくみを示す．また，最近では洗濯機の乾燥熱源としてヒートポンプが利用されるようになった．

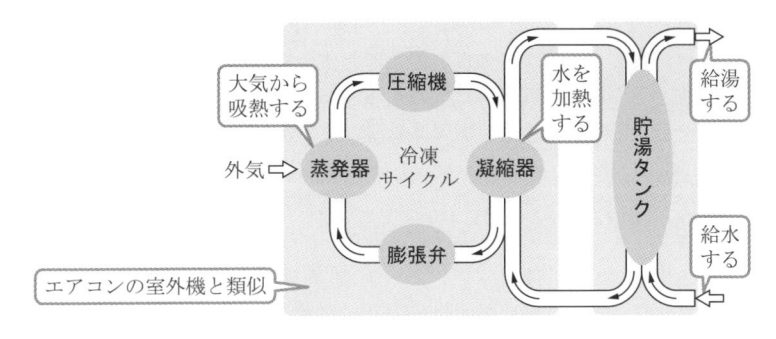

図 8.15　エコキュート

以上述べたように，ヒートポンプは省エネルギーの面からは熱源として望ましいのでより一層の活用が望まれる．一方，ヒートポンプには冷媒ガスが必要である．冷媒ガスには低温で蒸発可能なことから，長い期間，フロン（HCFC）が使われてきた．フロンはオゾン破壊係数がゼロでないため2030年までに全廃することが決められている．現在わが国ではHFC（ハイドロフルオロカーボン）という塩素を含まない代替冷媒への移行が完了している．しかし，HFCはオゾン破壊係数は小さいものの，地球温暖化係数が大きく，今後さらに新たな冷媒への対応が必要である．そのため自然冷媒を用いることが検討され，すでにCO_2，アンモニア，イソブタンなどを利用する機器が開発されている．

各種資格試験の出題例

本章に関する内容は，以下のようにさまざまな資格試験で取り上げられている．問題によっては，本書の内容をこえるものがあるが，本書の説明でもある程度は理解できるはずである．ぜひ本書をスタートにそれぞれの専門書等で勉強を深めこれらの資格に挑

戦してほしい．解答と出典は巻末を参照のこと．

8.1 内燃力発電装置の排熱を給湯等に利用することによって，総合的な熱効率を向上させるシステムの名称は．
　イ．再熱再生システム
　ロ．ネットワークシステム
　ハ．コンバインドサイクル発電システム
　ニ．コージェネレーションシステム

（第一種電気工事士　筆記試験）

8.2 温度 $20.0\,[℃]$，体積 $0.370\,[m^3]$ の水の温度を $90.0\,[℃]$ まで上昇させたい．次の (a) 及び (b) に答えよ．

　ただし，水の比熱（比熱容量）と密度はそれぞれ $4.18 \times 10^3\,[J/(kg·K)]$，$1.00 \times 10^3\,[kg/m^3]$ とし，水の温度に関係なく一定とする．

(a) 電熱器容量 $4.44\,[kW]$ の電気温水器を使用する場合，これに必要な時間 $t\,[h]$ の値として，最も近いのは次のうちどれか．
　　ただし，貯湯槽を含む電気温水器の総合効率は $90.0\,[\%]$ とする．
　　(1) 3.15　　(2) 6.10　　(3) 7.53　　(4) 8.00　　(5) 9.68

(b) 上記 (a) の電気温水器の代わりに，最近普及してきた自然冷媒（CO_2）ヒートポンプ式電気給湯器を使用した場合，これに必要な時間 $t\,[h]$ は，消費電力 $1.25\,[kW]$ で $6\,[h]$ であった．水が得たエネルギーと消費電力量とで表せるヒートポンプユニットの成績係数（COP）の値として，最も近いのは次のうちどれか．
　　ただし，ヒートポンプユニット及び貯湯槽の電力損，熱損失はないものとする．
　　(1) 0.25　　(2) 0.33　　(3) 3.01　　(4) 4.01　　(5) 4.19

（第三種電気主任技術者　機械科目）

8.3 次の文章は，ヒートポンプに関する記述である．

　ヒートポンプはエアコンや冷蔵庫，給湯器などに広く使われている．図はエアコン（冷房時）の動作概念図である．　ア　温の冷媒は圧縮機に吸引され，室内機にある熱交換器において，室内の熱を吸収しながら　イ　する．次に，冷媒は圧縮機で圧縮されて　ウ　温になり，室外機にある熱交換器において，外気へ熱を放出しながら　エ　する．その後，膨張弁を通って　ア　温となり，再び室内機に送られる．

　暖房時には，室外機の四方弁が切り換わって，冷媒の流れる方向が逆になり，室外機で吸収された外気の熱が室内機から室内に放出される．ヒートポンプの効率（成績係数）は，熱交換器で吸収した熱量を $Q\,[J]$，ヒートポンプの消費電力を $W\,[J]$ とし，熱損失などを無視すると，冷房時は $\dfrac{Q}{W}$，暖房時は $1+\dfrac{Q}{W}$ で与えられる．これらの値は外気温度によって変化　オ　．

上記の記述中の空白箇所ア，イ，ウ，エ及びオに当てはまる組合せとして，正しいものを次の (1)～(5) のうちから一つ選べ．

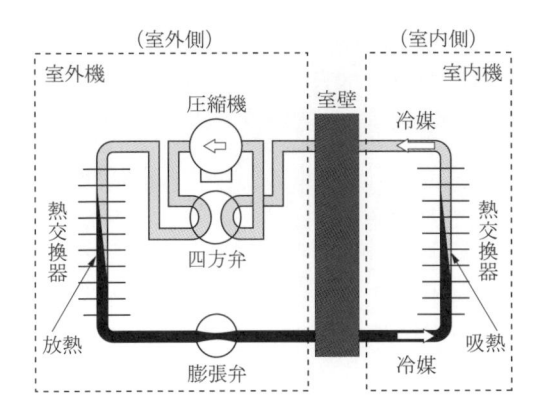

	ア	イ	ウ	エ	オ
(1)	低	気化	高	液化	しない
(2)	高	液化	低	気化	しない
(3)	低	液化	高	気化	する
(4)	高	気化	低	液化	する
(5)	低	気化	高	液化	する

（第三種電気主任技術者　機械科目）

8.4　次の文章の ◯1 ～ ◯6 の中に入れるべき最も適切な字句を（解答群）から選び，その記号を答えよ．

　建築の省エネルギーにおいて，近年，ヒートポンプによる自然エネルギーの利用や排熱の有効活用が重要性を増している．自然エネルギーのうち，大気や太陽熱利用のエネルギーは，両者共 ◯1 変動が大きいこと，広く希薄に分布することなどが挙げらるが，地下水はこれらが比較的少なく安定した熱源として利用されている．ただし，地盤沈下の防止や地下水の保全のために，利用後の排水を放流する方式ではなく ◯2 方式が望ましい．

　大気は無尽蔵にある熱源であり， ◯3 としては大半の冷房に利用されているが，暖房の熱源としての利用は，冬季の低温期に ◯4 を生ずるので，補助熱源が必要となる場合もあり，総合的な ◯5 が低下する点に注意が必要である．太陽熱を 15～25℃ の低温で集熱し，これをヒートポンプで適切な温度に ◯6 すれば太陽熱の利用効率が高くなる．

（解答群）
ア ATF　　　　　イ CEC　　　　　ウ COP　　　　　エ 時間による
オ 建物ごとの　　カ 方位による　　キ くみ上げ井戸　ク 還元井戸
ケ 帯水層　　　　コ 加熱源　　　　サ 放熱源　　　　シ 昇温
ス 降温　　　　　セ 混合損失　　　ソ 能力低下

(エネルギー管理士（電気分野）)

8.5　ヒートポンプシステムに関する次の (1) 〜 (3) の各文章の　　　の中に入れるべきもっとも適切な字句，数値又は式をそれぞれの解答群から選び，その記号を答えよ．

　なお，　6　は2箇所以上あるが，同じ記号が入る．

(1) ヒートポンプは，熱を　1　から　2　に汲み上げる機械であるために，このように呼ばれる．汲み上げられる熱（冷熱）の源をヒートソースと呼び，汲み上げた熱（温熱）の受け入れ先をヒートシンクと呼ぶ．熱を汲み上げることによりヒートソースは温度が　3　，ヒートシンクは温度が　4　，これを利用して冷房，暖房，あるいは同時冷暖房のいずれかを行う．ヒートポンプという機械自身の性能は熱の汲み上げ高さ，すなわち，ヒートソースとヒートシンクとの　5　に支配される．またヒートポンプシステムとしての性能は，機械自身の性能に加えて，冷熱と温熱の両方をいかに有効に利用できるかによって決まる．

〈(1) の解答群〉
ア．質量差　　イ．温度差　　ウ．湿度差　　エ．高度差　　オ．低温
カ．高温　　　キ．室温　　　ク．水温　　　ケ．空気温　　コ．上がり
サ．下がり　　シ．拡散し　　ス．蒸発し　　セ．凝縮し

(2) ヒートポンプの機械及びシステムとしての性能を表すものが　6　で COP と記される．機械の COP は冷房利用の場合を基準とすれば冷熱と入力の比

$$\frac{Q_2}{Q_w} = \frac{Q_2}{Q_1 - Q_2}$$

で定義される．理想機械（カルノー機械）では，この値は　7　温度 T_1 [K] と　8　温度 T_2 [K] とで表された式

$$COP_{\text{ideal}} = \boxed{9}$$

により求められる．実用機械では，摩擦熱などの不可逆性のプロセスがあるので，これより小さくなる．

　ヒートポンプシステムとしての性能はシステム　6　で表され，利用された熱量と入力との比，すなわち，

$$\frac{aQ_2 + bQ_1}{Q_w} = \frac{aQ_2 + bQ_1}{Q_1 - Q_2}$$

で与えられる．ここに a, b はそれぞれ Q_1, Q_2 の有効利用率であり，$a = b = 1$ のときに最大の値を与えることは容易に理解できる．このとき，理想機械で

はこの値が

$$\frac{T_1 + T_2}{T_1 - T_2} = \boxed{10}$$

となって，非常に大きな値となることが分かる．これが熱回収ヒートポンプである．

〈(2) の解答群〉

ア．$0.5 + 2COP_{\text{ideal}}$　　イ．$1 + COP_{\text{ideal}}$　　ウ．$1 + 2COP_{\text{ideal}}$

エ．$\dfrac{T_1}{T_1 + T_2}$　　オ．$\dfrac{T_2}{T_1 + T_2}$　　カ．$\dfrac{T_1}{T_1 - T_2}$

キ．$\dfrac{T_2}{T_1 - T_2}$　　ク．ヒートパイプ　　ケ．ヒートポンプ

コ．効率　　サ．効果係数　　シ．成績係数

ス．凝縮　　セ．蒸発

(3) ヒートポンプは，未利用エネルギーと呼ばれる，自然環境に存在する低温の □11□ エネルギーや都市排熱などの有効利用のための強力な道具となる．(2) で述べたことを実際の数値で考えてみる．例えば東京付近での真夏の冷房運転で，空気熱源（エアーソース）ヒートポンプの場合は約 35℃ の外気をヒートシンクとすると，T_1 は □12□ [K] 程度，冷水温度を 5℃ とすると T_2 は □13□ [K] 程度と考えられるので，(2) で記述した COP の式から理想値としても □14□ しか得られない．もしヒートシンクとして井水を利用することができれば，年間を通して 18℃ 程度の温度の水が得られるので，同様の計算をすると理想 COP は □15□ 程度の値になって，省エネルギーに大きく貢献することになる．なお，この場合は井水を還元して地盤沈下などの悪影響を環境に与えないように配慮することが必要である．このような配慮は未利用エネルギー活用に当たっての前提である．

〈(3) の解答群〉

ア．4.0　　イ．5.0　　ウ．6.0　　エ．7.0　　オ．9.5

カ．40　　キ．250　　ク．270　　ケ．315　　コ．330

サ．質量差　　シ．温度差　　ス．湿度差　　セ．高度差

（エネルギー管理士（電気分野））

9 静電エネルギーの利用

これまで，電気エネルギーの応用は電流の熱作用，磁気作用および化学作用の三つの作用を利用することを述べてきた．これ以外に電気エネルギーを直接利用することもある．それは静電気としての利用である．本章では，静電気，電子ビームなどの電気エネルギーの直接利用について述べる．

9.1 静電気の基本

導体を流れる電流とは，単位時間に，ある断面を流れる電子の移動を表している．1Cの電荷が1秒間に通過したときに1Aの電流が流れる．

$$I = \frac{dQ}{dt} \quad [\text{A}]$$

ここでQは電荷であり，単位はクーロン[C]である．一つの電子のもつ電荷qの大きさは

$$q = -1.6 \times 10^{-19} \quad [\text{C}]$$

である．なお，電解液中のイオンの移動も電流となるが，そのときも電流は移動する電荷量で表される．

2枚の平行な電極にはさまれた誘電体に電圧を印加すると電源から電子（負電荷）が流れ込み負電極に電子が蓄積される．それに対応してプラス極には正の電荷が誘起され，蓄積する．この電荷はスイッチを開いても，プラスマイナスの電荷が引っ張り合って，そのまま残留する．このようにして電荷を蓄積するものをコンデンサ（キャパシタ）という．

コンデンサに蓄えられた電荷の量Q[C]は印加電圧V[V]に比例する．

$$Q = CV$$

このときのCを静電容量とよび，コンデンサの性能を表す．単位はファラッド[F]である．

$$C = \frac{Q}{V} \quad [\text{F}]$$

図 9.1 に示すように，電極の面積 $S\,[\mathrm{m}^2]$，誘電体の厚さ（電極間の距離）$d\,[\mathrm{m}]$，および誘電体の誘電率 ε のとき，静電容量 $C\,[\mathrm{F}]$ は次のように表される．

$$C = \frac{\varepsilon S}{d}$$

コンデンサに蓄積された静電エネルギーは次のように表される．

$$U = \frac{1}{2}CV^2 = \frac{1}{2}QV^2 = \frac{Q^2}{2C} \quad [\mathrm{J}]$$

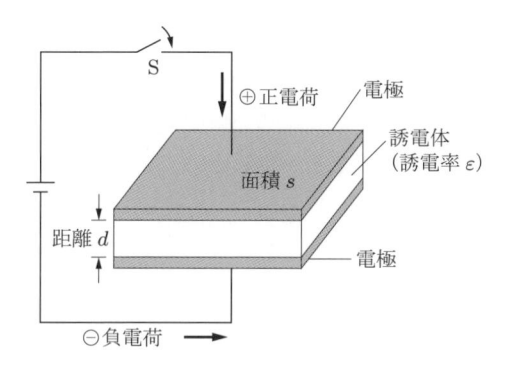

図 9.1 コンデンサの原理

ここで，静電エネルギーと磁気エネルギーについて具体的に比較してみる．真空中で単位体積当たりに蓄えられる静電エネルギー U_e および磁気エネルギー U_m は次のように表すことができる．

$$U_e = \frac{D^2}{2\varepsilon_0} = \frac{1}{2}\varepsilon_0 E^2$$

$$U_m = \frac{B^2}{2\mu_0}$$

これらの式は，静電エネルギーは電界の強さの 2 乗に比例し，磁気エネルギーは磁束密度の 2 乗に比例することを示している．磁束密度は一般的な材料を用いた場合，1.5 T が上限である．一方，空気中では空気の絶縁耐力から電界の強さ E は $3 \times 10^6\,\mathrm{V/m}$ が上限である．したがって単位体積に蓄えられるエネルギーはそれぞれ，

$$U_{e\max} = \frac{1}{2} \times 8.85 \times 10^{-12} \times 9 \times 10^{12} \cong 40 \quad \mathrm{J/m^3}$$

$$U_{m\max} = \frac{1.5^2}{2 \times 4\pi \times 10^{-7}} \cong 0.9 \times 10^6 \quad \mathrm{J/m^3}$$

となる．両者の比は

$$\frac{U_{e\max}}{U_{m\max}} = 4.4 \times 10^{-5}$$

である．単位体積に蓄えることができる磁気エネルギーは静電エネルギーの44万倍である．一般的なエネルギー利用では静電エネルギーの装置は大きくなってしまう．そのために静電エネルギーはエネルギー源としてはあまり使われない．

静電気の運動の基本はクーロンの法則である．クーロンの法則とは電荷の間に働く力であり，次のように表される．

$$F = \frac{1}{4\pi\varepsilon}\frac{Q_1 \cdot Q_2}{r^2}$$

ここで，Q_1, Q_2 は電荷，r は二つの電荷の距離である．このとき電荷の符号が同一であれば反発力，異なっていれば吸引力が生じる．

導体の中での電子の移動もクーロンの法則により生じる．電子の移動速度はその導体の抵抗率により決まる．抵抗が大きければ電子の移動速度が遅くなるので，単位時間に通過する電子の量が減り，電流が少なくなる．これがオームの法則の基本的な考え方である．一方，自由空間中の電子は電界 E と磁界 B により力を受ける．

$$\boldsymbol{F} = -q\boldsymbol{E} + \boldsymbol{v} \times \boldsymbol{B}$$

この式の第1項はクーロン力とよばれ，図 9.2(a) に示すように電界により電子は加速する．第2項はローレンツ力とよばれ，図 9.2(b) に示すように，磁界により電子は進行方向と直角の力を受け，曲がる．このような振る舞い（運動）をする電子を自由電子という．なお，太字で表した $\boldsymbol{F}, \boldsymbol{E}, \boldsymbol{v}, \boldsymbol{B}$ は方向をもつベクトルである．

静電エネルギーの利用は，電荷による吸引や反発力を利用するほか，放電現象を利

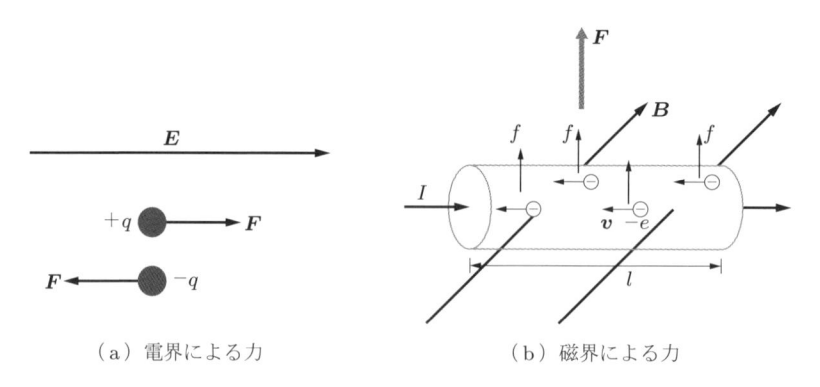

（a）電界による力　　　　　（b）磁界による力

図 9.2　電子の受ける力

用する場合がある．以下に静電気の利用について説明してゆく．

9.2　クーロン力の利用

電荷により生じるクーロン力は距離の2乗に反比例する．つまり，近いほど力が大きい．また，静電容量は距離に反比例する．つまり，薄いものほど蓄積する静電エネルギーが大きい．このことは，クーロン力は対象物が小さく，細かいものに適していることを示している．このため，霧状や煙状の物質や粉体などによく応用されている．

9.2.1　集 塵 機

電気集塵機は，製鐵所や都市ゴミ焼却場，火力発電所，製紙工場，セメント工場等の多くの産業で，排ガス処理用として使われている．塵（ダスト）はガス中に含まれる粒子である．従来は遠心力や慣性力を利用してガス中のダストを分離したり，フィルタにより捕集したりする機械式集塵が用いられてきた．図 9.3 に遠心力を利用したサイクロン方式の原理を示す．家庭用の電気掃除機と同じ原理である．しかし，近年は，省エネルギー，環境，CO_2 排出削減対策等々から電気集塵が利用されるようになってきている．

電気集塵はクーロン力を応用した集塵方式で，放電線と集塵板から構成される．放電線には高電圧が印加され，放電線の周囲のガスを電離してイオンを供給する．集塵板と放電線の間に煙霧体（ダストミスト）を含むガスを流すと，ガス中に含まれる粒子がイオンにより帯電する．帯電した粒子は放電線と集塵板間の電界によるクーロン力により集塵板に捕集される．電気集塵機の原理を図 9.4 に示す．

集塵板に捕集したダストは集塵板をハンマーで叩いて払い落とすか，ブラシで掻き落とすなどにより外部に排出する．これを乾式電気集塵機という．また，水をスプレーして洗い流すものは湿式電気集塵機といわれる．

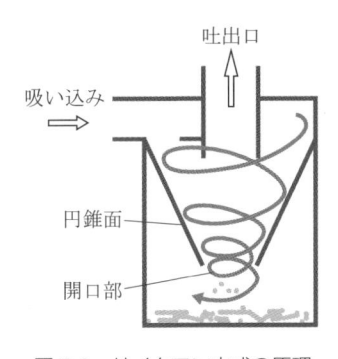

図 9.3　サイクロン方式の原理　　　　図 9.4　電気集塵機の原理

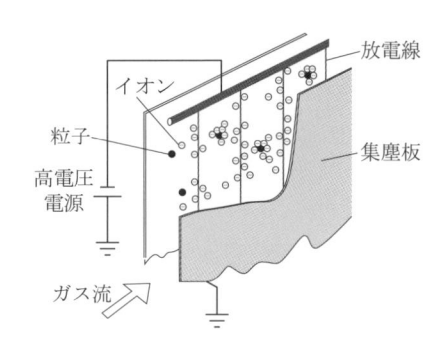

電気集塵機は帯電したダスト粒子のクーロン力を利用する．そのため，集塵の性能は捕集するダストの電気抵抗に影響される．ダストの電気抵抗と集塵性能の関係を図9.5に示す．ダストの抵抗が低いとダストが集塵板に到達すると直ちに電荷を失ってしまい，集塵板に付着せず，再び空間に飛び出してしまう．ダストの抵抗が高いと集塵板が高抵抗のダストで覆われ，電界が低下してしまう．さらに，集塵板に捕集したダスト層内で部分放電が発生し，やがて火花放電にいたる．火花放電すると，ダストへの荷電電圧が低下してしまう．このため，捕集するダストの電気抵抗率が重要な要素である．

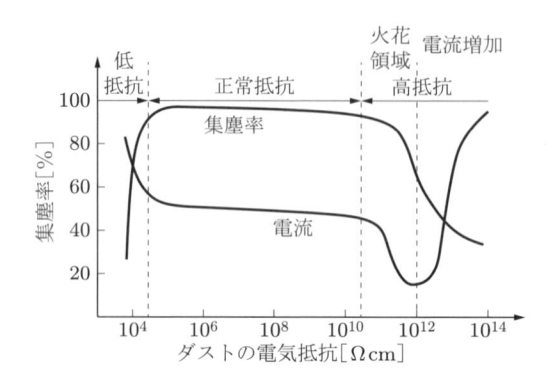

図 9.5 ダストの抵抗と集塵性能

家庭用の空気清浄機はファン＋フィルタ式が主流である．しかし，近年は花粉対策などから電気集塵方式を採用したものもある．図 9.6 に一般的なフィルタ式の空気清浄機の原理を示す．

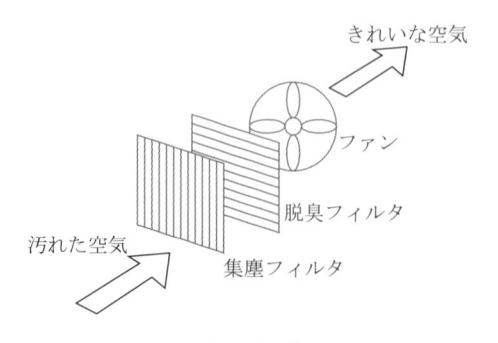

図 9.6 空気清浄機の原理

9.2.2 粉体塗装

粉体塗装とは粉末状の塗料を用いて，クーロン力を利用して対象物に付着させ，高温にして焼き付けることにより塗装する方法である．図 9.7 に示すように，塗料をガンでマイナスに帯電させ，対象物に吹き付ける．対象物はアース電位であり，クーロン力によりマイナスイオンで電離している塗料粉末が付着する．図に示すように，対象物の形状にかかわらず，均一な厚みで塗料が付着することが特徴である．電荷を与えられた粉末塗料を圧縮空気により噴霧することも行われる．これは静電乾式吹き付け法とよばれる．一般の塗料のように溶剤（シンナー）を使うことがなく，比較的厚い塗膜が得られる．

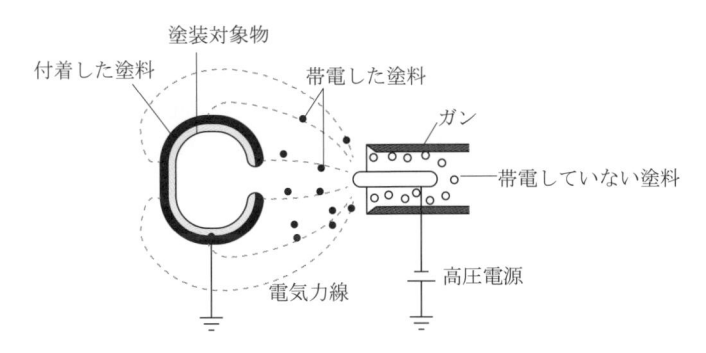

図 9.7 粉体塗装の原理

このほかに，粉体塗料をガスによってチャンバ内に充満させ，高温にした対象物に付着させる方法もある．これを流動浸漬法という．この場合，炉での焼き付けは不要である．

類似の技術に静電植毛がある．静電植毛は対象物に接着剤を塗布し，$50\,\text{kV}$ 程度の高電圧の静電気力を利用し，短繊維を直角に植え付ける表面処理である．電気こたつのヒーターを覆う網目カバーが静電植毛の例である．

9.2.3 プリンター

レーザープリンターやコピーに用いる電子写真の技術には，コロナ放電による静電気が使われている．コピー機の基本構造と原理を図 9.8 に示す．コピー機の基本は感光ドラムが 1 回転することにある．感光ドラムとは感光体とよばれる半導体が表面に塗布してある金属製のドラムである．感光体は光が当たらないときには絶縁体であり，光が当たると導通する性質をもっている．

(1) コロナ放電によりドラム表面にマイナスの静電荷を付着させる．
(2) 帯電面に原稿からの反射光を当てる．すると，光が当たった部分（文字の部分）

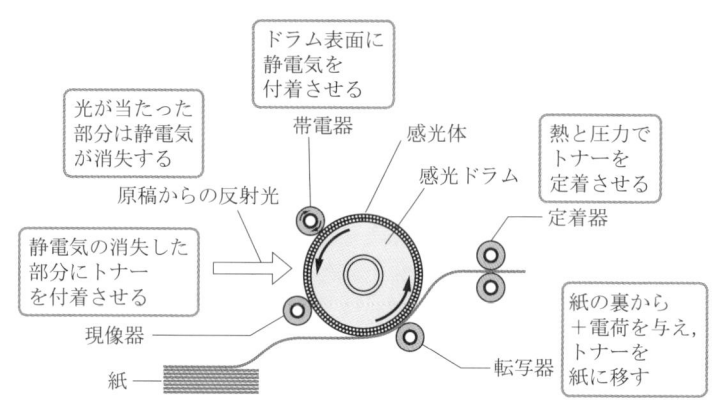

図 9.8 コピー機の原理

だけ電荷がドラムに流れ，静電気が消失する．これを露光という．
(3) 帯電したトナーをドラムに近づける．すると，静電気の消失した部分にトナーが付着する．これを現像という．
(4) 用紙の裏からコロナ放電して，トナーと逆極性のプラス電荷を与える．トナーが用紙に引き寄せられ，付着する．
(5) 熱と圧力によりトナーを定着させる．

コピー機では原稿からの反射光を用いるが，レーザープリンターの場合，反射光でなく原稿のイメージをレーザー光で作成し，照射している．

9.2.4 コンデンサマイクロフォン

マイクロフォンには，永久磁石とコイルを使って電磁力を利用したもののほかに静電力を利用したコンデンサマイクロフォンがある．コンデンサの片方の電極を振動可能な構造にする．このような構造をダイヤフラムという．コンデンサに直流電圧をかけると，ダイヤフラムの振動は電極間の距離の変化となり，振動に応じて電圧の変化が生じる．図 9.9 にコンデンサマイクロフォンの原理を示す．

ダイヤフラムは金属薄膜で構成されるので高周波数の振動も可能で高応答で音声を電気信号に変換できる．ダイヤフラムにエレクトレット[*1]素子を使用したエレクトレットコンデンサマイクロフォンは高音質であるといわれている．また，小型化も可能で携帯電話にはエレクトレットコンデンサマイクロフォンが使われている．

[*1] 誘電体に電界をかけたときに生じる分極がそのまま保持できるもの．磁界で磁気分極を保持できるマグネットに対応している．

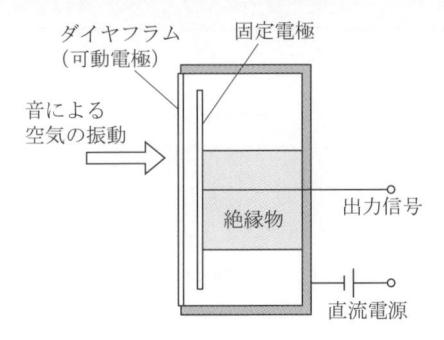

図 9.9　コンデンサマイクロフォンの原理

9.3　放電エネルギーの利用

　ここでは電荷や荷電粒子の利用ではなく，放電現象そのもののエネルギーを利用するものについて述べる．

9.3.1　点火装置

　ガソリンエンジンの点火装置は，スパークプラグとよばれる一種の変圧器である．低電圧を高電圧に変換し，火花放電させる．図 9.10 にエンジンの点火装置を示す．バッテリの直流電流はイグニッションコイルに流れており，スイッチを開いた瞬間に誘導起電力が生じる．この誘導起電力が二次側に伝達され，出力電圧は数 10 kV になる．ガソリンと空気の混合気中のスパークギャップで火花放電する．

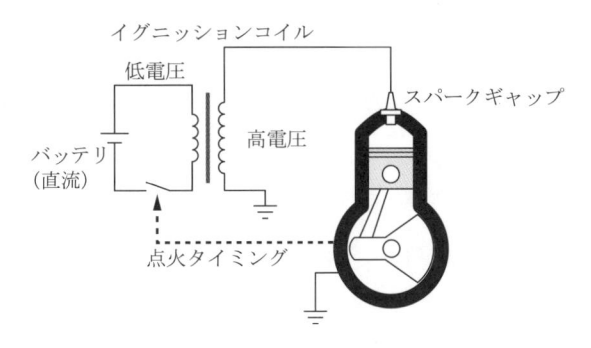

図 9.10　エンジンの点火装置

　圧電素子（ピエゾ素子）は圧電効果を利用した素子である．圧電体に加えられた力を電圧に変換し，また逆に電圧を力に変換する素子である．瞬間的に大きな衝撃が加えられると放電に十分な電圧が得られることからガスコンロ，ライターなどの点火装置に使われている．圧電素子はマイクロフォンにも使われるが音質はあまりよくない．

9.3.2 オゾナイザー

オゾナイザーとは空気中に含まれる酸素をオゾンに変換する装置である．ガラスなどの誘電体を介した電極間に交流電圧を印加すると無声放電が生じる．誘電体バリア放電ともいう．電極が絶縁体で覆われているため電極に電荷が流れ込むことができず，電流があまり流れない．そのため放電しても音がしない．また，アークに転移しにくいので発熱が少ない．また，アーク放電では放電維持電圧まで電圧が低下してしまうが，無声放電は放電しても電圧はほとんど低下しない．そのため高エネルギーの電子を維持することができる．

無声放電している空間に酸素または空気を通すことにより，高エネルギーの電子が酸素と衝突し，酸素原子を解離する．

$$O_2 + e^- \rightarrow 2O + e^-$$

このとき，化学反応に無関係な第3体の分子 M と衝突してオゾンが形成される．

$$O + O_2 + M \rightarrow O_3 + M$$

これにより酸素がオゾンに変換される．なお，オゾンは不安定な分子であるため，放置しておくと酸素に戻ってしまう．図 9.11 にオゾン発生の原理を示す．

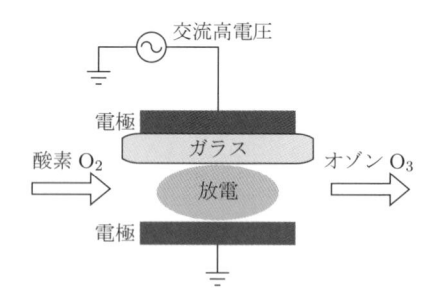

図 9.11 無声放電によるオゾンの発生

オゾンには強力な酸化作用があり，殺菌，脱臭，脱色の効果がある．水道水の殺菌に塩素の代わりにオゾンが用いられることもある．オゾンの不安定性により数十分で酸素と水に戻るので処理後の水道水には残留しない．塩素と比較して味や匂いの変化が少ない．水道水に対しては殺菌のほか，脱臭，脱色，有機物低減の効果もある．オゾンはこのほかにも空気清浄や，半導体などの洗浄，漂白などにも使われている．

9.3.3 コロナ放電による表面処理

ポロプロピレン，ポリエチレン等のプラスチックは，表面が不活性なため印刷性，

接着性が悪い．これを濡れ性が悪いという．濡れ性を改善するために表面改質が行われる．表面改質の方法として最も多く使われているのがコロナ放電である．コロナ放電処理による表面改質の原理を図 9.12 に示す．電極と表面が誘電体の電極との間にフィルムを通し，高周波の高電圧を印加する．誘電体を介すことで放電はアークに移行せず，コロナ放電が発生する．このようなプラズマは低温プラズマとよばれる．コロナ放電によって空気中の酸素等が活発なプラズマ状態となる．コロナ放電により加速された電子がプラスチックの表面に衝突すると，樹脂表面に OH 基・カルボニル基等が発生する．これらにより表面が親水性となる．これにより濡れ特性が向上し，塗装，印刷しやすくなる．

このほか放電は照明，加熱にも使われるがそれぞれの章を参照していただきたい．また，加工への利用については次節にて述べる．

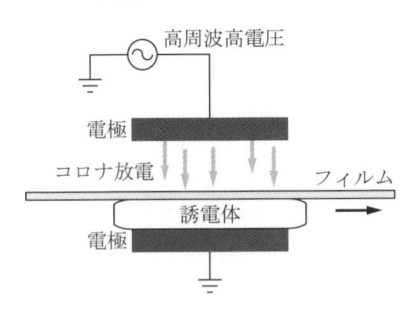

図 9.12 コロナ放電による表面改質

9.4 放電加工と電子ビーム

ここでは放電を応用した加工として放電加工と電子ビームの利用について述べる．

9.4.1 放電加工

放電加工には，おもにアーク放電が用いられる．電極と対象物との間にアーク放電させて，対象物表面の一部を除去する．一般の機械では加工できないような硬い金属の加工に使われる．

放電加工の電極と対象物の間には加工液が満たされている．加工液は誘電体である．この状態で放電すると，対象物は溶解するが，加工液は蒸発する．その蒸発の圧力で溶解部分が取り去られる．このように，対象物の表面部を溶かし，その部分を除去する．

放電加工では，対象物を複雑な形状に成型することができる．図 9.13 に示すように複雑な形状の電極の形状を転写加工できる．これを形彫放電加工機という．精密金型の製造に用いられる．放電加工を使えばチタンなどの硬い対象物でも加工可能である．

ワイヤ放電加工は細いワイヤを電極として用いる．糸のこのように自在な形に切断することができる．図 9.14 に示すようにワイヤはボビンから一定の速さで供給され，上下のガイドで保持される．被加工物を二次元平面で動かすことにより切断できる．

いずれの方法でも，繰り返しパルスの放電を行うため加工面には微細なでこぼこができてしまう．

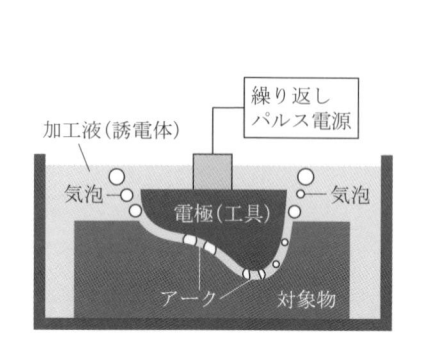

図 9.13　形彫り放電加工

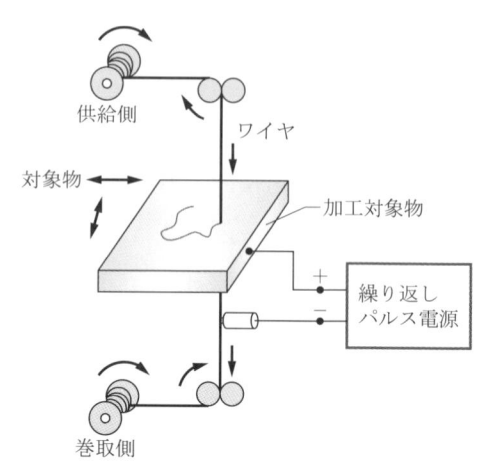

図 9.14　ワイヤ放電加工

9.4.2　電子ビーム加工

電子ビーム加工は加速させた電子ビームを対象物に当て，発生する熱を利用して溶接や表面改質を行う加工方法である．原理を図 9.15 に示す．

電子ビームを発生させる部分を電子銃とよぶ．電子銃では負極を高温に加熱し，熱電子放出させる．放出した電子は正極の電圧による電界で加速し，電子ビームとして

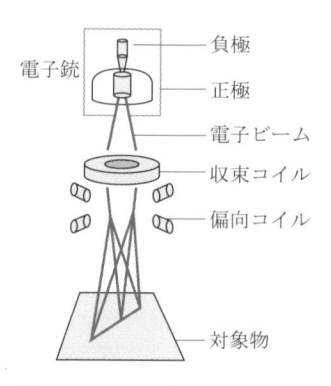

図 9.15　電子ビーム加工の原理

取り出す．電子ビームは空間中を運動する電子なので電磁気的に収束や偏向することができる．それぞれ，収束コイル，偏向コイルという電磁石を用いる．これにより焦点位置を設定したり，照射位置を変更できる．電子ビームの加工は電子を拡散させないために真空状態で行う．電子ビームが対象物と衝突すると電子の運動エネルギーが熱エネルギーに変換され，発熱する．発生熱が集中するようにすれば溶接や切断が可能である．また，発生熱を分散させれば表面改質に用いることができる．電子ビームは細く収束できるため微細な加工が可能である．さらに周囲への熱の影響を少なくすることができる．

9.4.3 電子線照射

電子ビームのうち，速度が速いものを電子線とよぶ．電子線は放射線の一種で，物質にあたると電離作用をおこす電離放射線である．電離により特有の化学反応をおこすことができる．

ポリエチレンなどのプラスチックに放射線を照射すると表面のみ改質できる．電子線照射により耐熱性などを向上させたPVC[*1]被覆電線は電子機器の配線などによく使われている．また，自動車用のゴムタイヤの強度向上にも使われている．その他，高分子の重合反応などのイオン交換膜や電池用セパレーターなどの製造に用いられている．

電子線には殺菌作用[*2]ではなく，滅菌作用[*3]があるといわれている．放射線により菌細胞のDNAを破壊するといわれている．これを利用して医用機器の滅菌に使われるようになった．ダンボール箱の外から滅菌する，電子線滅菌装置の例を図9.16に示

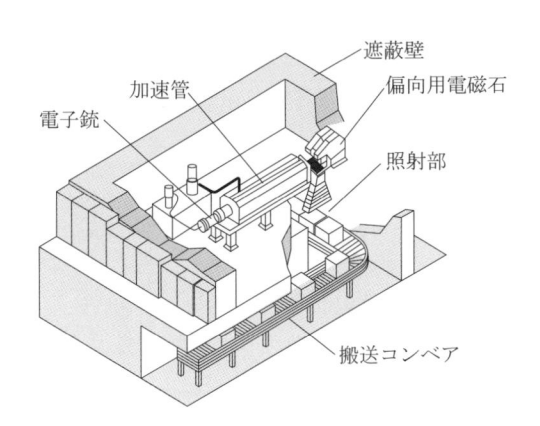

図 9.16　電子線滅菌装置

---

*1　ポリ塩化ビニル
*2　病原性の菌など特定の菌を殺すこと．
*3　すべての菌を死滅させること．

す．ほかにも低出力電子線を充填前のペットボトルの内側や，生ビール樽のキャップ部分に照射して滅菌することなどに使用されている．

各種資格試験の出題例

　本章に関する内容は，以下のようにさまざまな資格試験で取り上げられている．問題によっては，本書の内容をこえるものがあるが，本書の説明でもある程度は理解できるはずである．ぜひ本書をスタートにそれぞれの専門書等で勉強を深めこれらの資格に挑戦してほしい．解答と出典は巻末を参照のこと．

9.1 　図のように，面積 S の平板電極間に，厚さが d で誘電率 ε の絶縁物が入っている平行平板コンデンサがあり，直流電圧 V が加わっている．このコンデンサの静電容量 C に関する記述として，正しいものは．

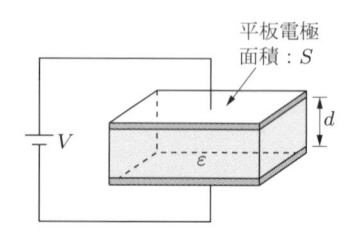

　　イ．電圧 V に比例する．
　　ロ．電極の面積 S に比例する．
　　ハ．電極の遠隔距離 d に比例する．
　　ニ．誘電率 ε に反比例する．

（第一種電気工事士　筆記試験）

9.2 　図のような回路において，静電容量 $1\,[\mu\mathrm{F}]$ のコンデンサに蓄えられる静電エネルギー $[\mathrm{J}]$ は．
　　イ．0.75　　ロ．3.0　　ハ．4.5　　ニ．9.0

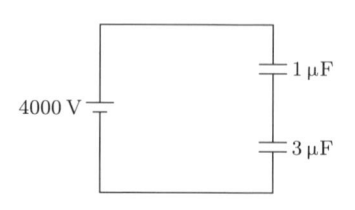

（第一種電気工事士　筆記試験）

9.3 　極板間が比誘電率 ε_r の誘電体で満たされている平行平板コンデンサに一定の直流電圧が加えられている．このコンデンサに関する記述 a〜e として，誤っているものの組み合わせを次の (1)〜(5) のうちから一つ選べ．

ただし，コンデンサの端効果は無視できるものとする．
a. 極板間の電界分布は ε_r に依存する．
b. 極板間の電位分布は ε_r に依存する．
c. 極板間の静電容量は ε_r に依存する．
d. 極板間に蓄えられる静電エネルギーは ε_r に依存する．
e. 極板間の電荷（電気量）は ε_r に依存する．
(1) a, b　　(2) a, e　　(3) b, c　　(4) a, b, d　　(5) c, d, e

（第三種電気主任技術者　理論科目）

9.4　静電界に関する記述として，正しいのは次のうちどれか．
(1) 二つの小さな帯電体の間に働く力の大きさは，それぞれの帯電体の電気量の和に比例し，その距離の 2 乗に反比例する．
(2) 点電荷が作る電界は点電荷の電気量に比例し，距離に反比例する．
(3) 電気力線上の任意の点での接線の方向は，その点の電界の方向に一致する．
(4) 等電位面上の静電荷には，その面に沿った方向に正のクーロン力が働く．
(5) コンデンサの電極板間にすき間なく誘電体を入れると，静電容量と電極板間の電界は，誘電体の誘電率に比例して増大する．

（第三種電気主任技術者　理論科目）

9.5　極板 A–B 間が誘電率 ε_0 [F/m] の空気で満たされている平行平板コンデンサの空気ギャップ長を d [m]，静電容量を率 C_0 [F] とし，極板間の直流電圧を率 V_0 [V] とする．極板と同じ形状と面積を持ち，厚さが $\frac{d}{4}$ [m]，誘電率 ε_1 [F/m] の固体誘電体（$\varepsilon_1 > \varepsilon_0$）を図に示す位置 P–Q 間に極板と平行に挿入すると，コンデンサ内の電位分布は変化し，静電容量は C_1 [F] に変化した．このとき，誤っているものを次の (1)〜(5) のうちから一つ選べ．

ただし，空気の誘電率を ε_0，コンデンサの端効果は無視できるものとし，直流電圧 V_0 [V] は一定とする．

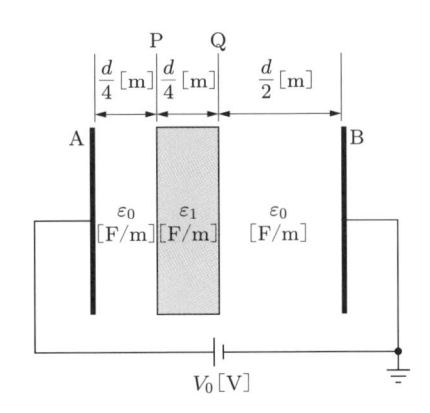

(1) 位置 P の電位は，固体誘電体を挿入する前の値よりも低下する．
(2) 位置 Q の電位は，固体誘電体を挿入する前の値よりも上昇する．
(3) 静電容量 C_1 [F] は，C_0 [F] よりも大きくなる．
(4) 固体誘電体を導体に変えた場合，位置 P の電位は固体誘電体又は導体を挿入する前の値よりも上昇する．
(5) 固体誘電体を導体に変えた場合の静電容量 C_2 [F] は，C_0 [F] よりも大きくなる．

(第三種電気主任技術者　理論科目)

9.6 次の文章は電気加工に関する記述である．文中の □ の当てはまる最も適切なものを（解答群）の中から選びなさい．

a. 放電加工は，水や油などの高い絶縁性をもつ加工液中で被加工物と加工電極間にパルス状の □1□ を繰り返し発生させることによって加工するのがその原理である．放電加工には大別して二つの方式がある．一つは総型の電極を転写加工する形彫放電加工であり，もう一つはワイヤ電極を走行させながら工作物を糸のこ式に加工するワイヤ放電加工である．

b. ビーム加工には電子ビーム加工，イオンビーム加工などがある．電子ビームの発生源には金属中の自由電子などがあり，金属が高温に加熱されるとこの電子が熱電子として外部に放出され，適当な分布をもつ電界によって一定方向に集中・加速されて指向性に優れたビームになる．飛行する電子の 1 個当たりのエネルギー E は，電子の電荷を e，加速電圧を V とすると □2□ のように表わされる．このビームが □3□ を用いることによって収束や方向転換など空間的に制御されて被加工物に照射され，加熱加工ができる．

c. レーザ加工は使用環境を問わず，非接触で精密かつ高速の加工ができることが特徴である．産業用途によく利用されている加工用レーザは，赤外域の波長をもつ YAG レーザ，□4□ レーザなどがある．加工材料である金属にレーザビームを照射すると，一部は表面で反射され，残りは内部を透過しながら吸収される結果，光エネルギーが熱エネルギーに変換される．赤外域の光の金属への吸収率は □5□ の平方根に反比例し，一般的には温度上昇によって □5□ が低下するので吸収率が増加することになり，加熱が加速される．

(解答群)

イ	光学レンズ	ロ	X 線レンズ	ハ	導電率	ニ	コロナ放電
ホ	CO_2	ヘ	$E = eV^2$	ト	電磁レンズ	チ	$E = e^2V$
リ	グロー放電	ヌ	誘電率	ル	$E = eV$	ヲ	NH_3
ワ	アーク放電	カ	C_2H_2	ヨ	透磁率		

(第二種電気主任技術者　機械科目)

9.7 加工技術のうち機械的（力学的）エネルギを用いる加工法を（M），熱エネルギを用いる加工法を（H），化学的エネルギを用いる加工法を（C）とするとき，下記の組合せのうち正しいものを選べ．

① 切削（M），放電加工（C），レーザ切断（H）

②圧延（M），鋳造（M），アーク溶接（H）
③鍛造（M），電気めっき（C），バフ研磨（H）
④スポット溶接（H），ウォータージェット加工（M），深絞り加工（M）
⑤ラッピング（M），超音波加工（M），電鋳（H）

(技術士第一次試験（機械部門）　専門科目)

10 エネルギー機械

エネルギー機械とは，エネルギーを利用するための機械の総称である．このうち，自然エネルギーを利用可能な運動エネルギーに変換するエネルギー機械を原動機とよぶ．原動機とはエンジンなどの内燃機関，風車，水車などである．また，モーターなどから得られる回転運動をさらにほかの形態のエネルギーに変換して利用するエネルギー変換機械もある．このような機械はファン，ポンプをはじめとする多くの機械である．これらを総称してエネルギー機械という．電気エネルギーの利用において主要な役割を果たすのがエネルギー機械である．ここでは，エネルギー機械の概要を述べる．

10.1 ポンプ

ポンプは液体の圧力を高めることによって，液体を送り出す機械である．ほとんどのポンプは回転運動を利用している．モーターでポンプを駆動することにより液体に運動エネルギーや位置エネルギーを与える．ポンプは，電気エネルギーを流体のエネルギーに変換するエネルギー変換機械である．

10.1.1 遠心ポンプ

遠心ポンプは遠心力を利用するポンプである．図 10.1 に示すように，容器に水を入れ，内部の羽根車を回す．すると，外周部は遠心力によって圧力が高くなるため，水面が高くなる．また，中心部は圧力が低いので水面も低くなる．容器の上部に吐出し管

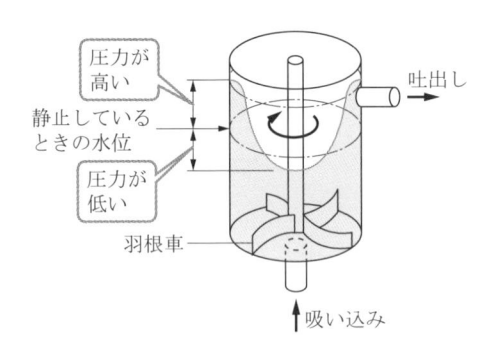

図 10.1　遠心ポンプの原理

を設ければ元の水面より高い位置まで水を送り出すことができる．これを揚水という．遠心ポンプは遠心力により水の位置エネルギーを高める．実際の遠心ポンプの構造を図 10.2 に示す．このような構造のポンプを多段に組み合わせて揚水圧を高めてゆく．

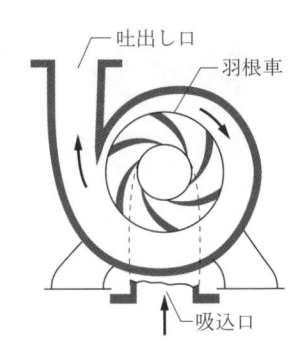

図 10.2 実際の遠心ポンプの構造

10.1.2 軸流ポンプ・斜流ポンプ

軸流ポンプは翼の原理を用いたポンプである．図 10.3 に示すように翼形の断面をした羽根を流体中で回転させる．すると，上流側の羽根の上面では流速が下面より速くなる．そのため，圧力が低くなり，大気圧より低くなる．すると，水面は大気圧に押し上げられる．軸流ポンプは水中で回転する翼形の羽根の両側に生じる圧力差を利用して水位を上げる．回転を高くすることによって，遠心ポンプをより小型にすることができる．

斜流ポンプは図 10.4 に示すように，軸流ポンプの作用のほかに遠心力の作用も利用できるようにしたポンプである．

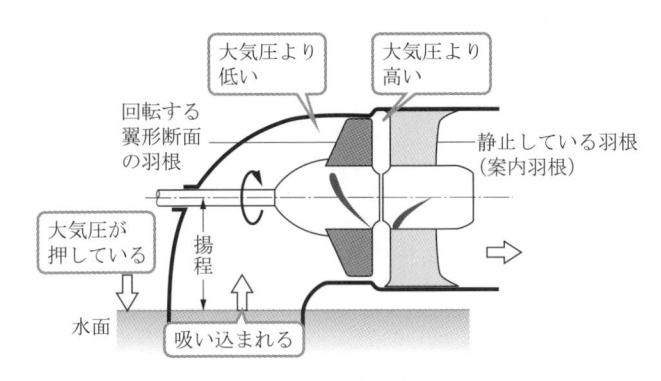

図 10.3 軸流ポンプの原理

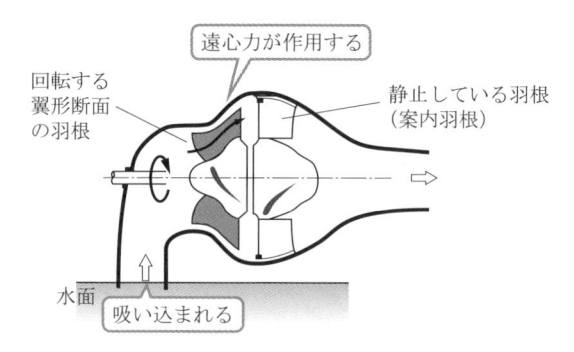

図 10.4　斜流ポンプ

10.1.3　ポンプの性能

ポンプの性能は，揚程 $H[\mathrm{m}]$ と吐出し量 $Q[\mathrm{m}^3/\mathrm{s}]$ で表す．揚程とは，揚水する高さを示している（図 10.5）．吸い込み水面と吐出し水面の高さの差を実揚程という．吐出し量とは流量を示している．

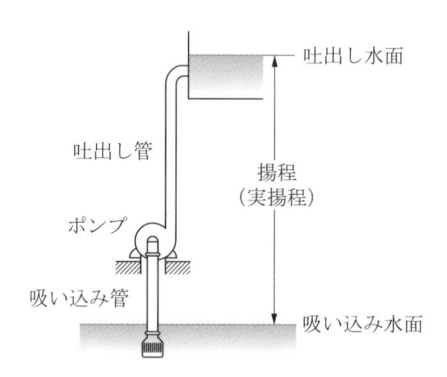

図 10.5　ポンプの揚程

ポンプに必要な動力は，吐出し量 $Q\,[\mathrm{m}^3/\mathrm{s}]$，揚程 $H\,[\mathrm{m}]$ のほかに，流体の密度 $\rho\,[\mathrm{g}/\mathrm{cm}^3]$ を用いて次のように表す．これを水動力 N_w という．

$$N_w = \frac{\rho g Q H}{1000} \quad [\mathrm{kW}]$$

ポンプの駆動に必要なモーターの動力は軸動力という．軸動力を求めるには実揚程のほかに吸い込み管，吐出し管の損失分を加えた全揚程およびポンプの効率を用いて求める必要がある．

10.2　送風機・圧縮機

　送風機・圧縮機は，空気やガスを移動させたり圧送したりするための機械である．原理，構造はポンプと類似している．送風機・圧縮機のうち，吐出し圧力が低いものをファンといい，やや高いとブロワという．この二つを送風機という．また，吐出し圧力が大気圧以上のものを圧縮機という．

　送風機，圧縮機は原理からターボ型と容積型に分類される．ターボ型とは羽根車を高速回転させ，羽根を通過する気体に羽根のもっている運動エネルギーを与えるのがその原理である．ターボ型には軸流式と遠心式がある．

　一方，容積型は一定容積内に気体を吸い込んで，閉じ込めた気体をピストンなどで圧縮し，容積を縮小させることによって圧力を高める原理である．また，送風機，圧縮機とも羽根の形状で分類されることが多いので，以下ではそのように分類する．

10.2.1　遠心式送風機・圧縮機

　遠心式送風機は，遠心力を利用して気体を径方向に移動させる．羽根の角度によって，多翼送風機，ラジアル送風機およびターボ送風機に分類される．遠心式送風機原理を図 10.6 に示す．

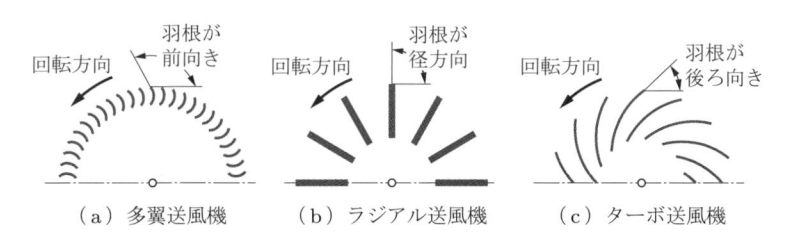

（a）多翼送風機　　　（b）ラジアル送風機　　　（c）ターボ送風機

図 10.6　遠心式送風機の羽根形状

(1) 多翼送風機

　多翼送風機は，回転方向に向かって凹面になっている前向きの羽根を用いている．多翼送風機は大きさの割には通風量が大きい．また，シロッコファンともよばれている．シロッコとは，初夏にサハラ砂漠から地中海を越えてイタリアに吹く暑い南風のことである．家庭用のレンジフードなどにも使われている．レンジフードの構造を図 10.7 に示す．

(2) ラジアル送風機

　ラジアル送風機は，プレートファンともよばれる．平面状の羽根が径方向を向いている．形状が単純なため強度を上げるのが容易である．そのため，砂や粉が混じった

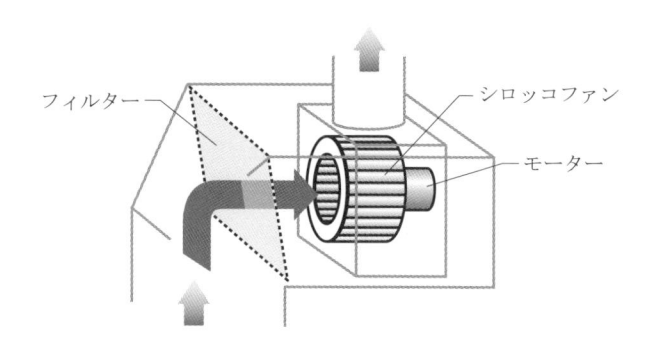

図 10.7　レンジフードの構造

ガスに使うことができる．しかし，ほかの方式よりやや効率が低い．

(3) ターボ送風機

　ターボ送風機は，後ろ向きの羽根をもつ遠心式送風機である．ターボ送風機は構造的に高速回転ができる．しかも効率が高い．そのため，風圧を高くしても比較的騒音が小さい．ターボ送風機の羽根をインペラとよぶ．図 10.8 にターボ送風機の断面を示す．

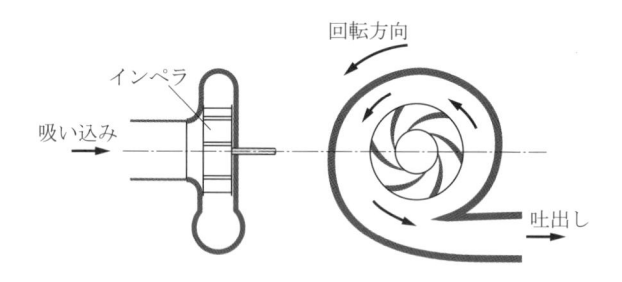

図 10.8　ターボ送風機

(4) 圧　縮　機

　吐出し圧力が大気圧以上で，高い圧力比が得られる送風機は圧縮機とよばれる．羽根の形状からそれぞれラジアル圧縮機，ターボ圧縮機という．冷凍機用の遠心式ターボ圧縮機の例を図 10.9 に示す．モーターは圧縮機内部に組み込まれ，冷媒ガスにさらされている．また，モーターの回転を増速して圧縮機を駆動している．

　自動車用ターボチャージャー（過給器）の例を図 10.10 に示す．エンジンの排気ガスで駆動用タービンを回転させる．その回転力を利用して圧縮用タービンで空気を圧縮する．圧縮空気を利用すると燃焼効率が良くなり，エンジンの出力が増加する．最近では，圧縮タービンの駆動にモーターを用いた電動ターボチャージャーも出現している．

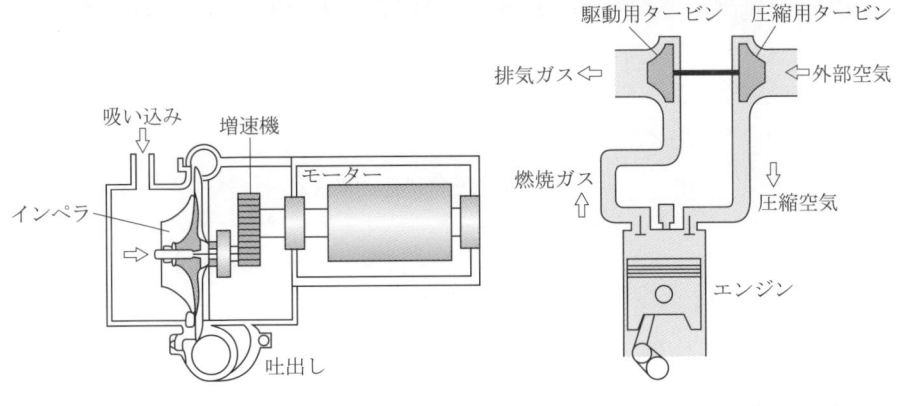

図 10.9　冷凍機用ターボ圧縮機

図 10.10　自動車用ターボチャージャー

10.2.2　軸流式送風機・圧縮機

　軸流式送風機はプロペラ状の羽根を回転させ，気体を軸方向に移動させる．軸流式送風機の原理を図 10.11 に示す．原理は軸流ポンプと同一である．軸流式送風機はプロペラファンともよばれる．扇風機，換気扇などでよく見かける送風機である．軸流

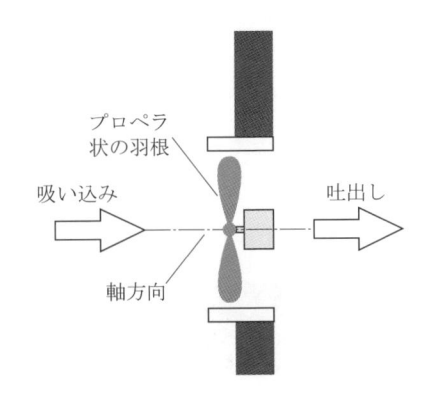

図 10.11　軸流式送風機の原理

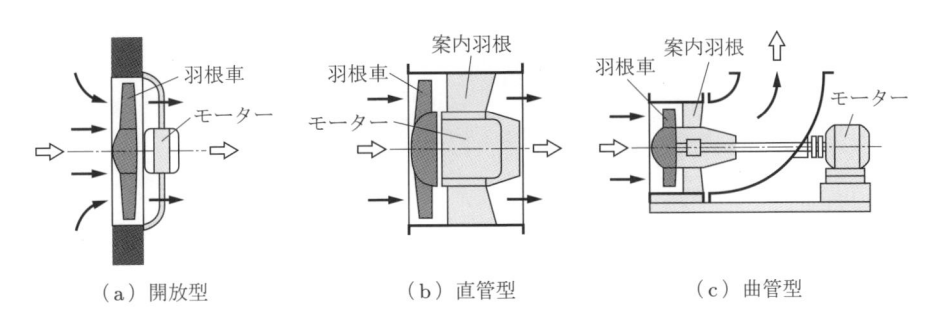

（a）開放型　　　　（b）直管型　　　　（c）曲管型

図 10.12　各種の軸流式送風機

式送風機は送風機の中で最も効率が高い．つまり，小型で大きな風量が得られる．トンネルの換気，火力発電所の送風など大型の用途でも使われている．しかし，軸流式送風機には騒音が大きいという欠点がある．図 10.12 に示すように軸流式送風機は，気体の通路の形状で開放型，直管型，曲管型に分類される．

圧縮機を多段にすることで圧縮性能を高めることができる．軸流送風機は軸方向に羽根車を増設すれば容易に多段化できる．軸流式圧縮機はターボ圧縮機の原理を利用している．軸流式ターボ圧縮機は静止している静翼と回転する動翼を交互に配置して構成される．図 10.13 に示すような 1 組の翼を通過することにより気体は圧縮される．1 段では圧縮比は低いが，多段にすることにより圧縮比が高まってゆく．

軸流式ターボ圧縮機はジェットエンジンや，ガスタービンの燃焼空気の圧縮に使われる．圧縮空気は燃焼に使われる．燃焼により生じた高温高圧の気体によりタービンを

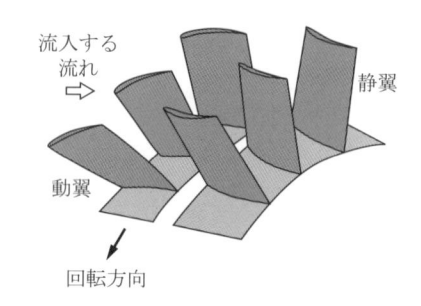

図 10.13 軸流式ターボ圧縮機の原理

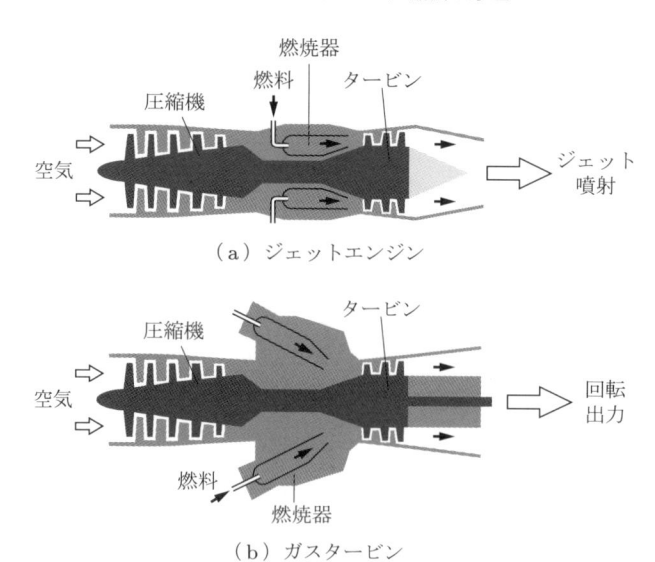

（a）ジェットエンジン

（b）ガスタービン

図 10.14 ガスタービンの利用法

駆動する．ガスタービンの場合はタービンの出力を回転力として取り出し，発電機などを駆動する．燃焼ガスをそのまま噴射するとジェットエンジンとよばれる．図 10.14 にガスタービンの利用法の例を示す．

10.2.3 横断流送風機

横断流送風機は貫流送風機，ラインフローファン，タンジェンシャルファン，クロスフローファン，横流ファンなどさまざまな名称でよばれる．形状は多翼送風機に似ているが，羽根の幅が直径に比べて大きい．気流は軸に垂直な径方向から吸い込まれる，吸い込み位置から 90° 程度の径方向から送風する．圧力は低く効率もよくないが，幅の広い膜状の吐出し気流が得られ，送風機の厚さを薄くできる．ルームエアコンやサーキュレータなどに使用される．図 10.15 に原理を示す．

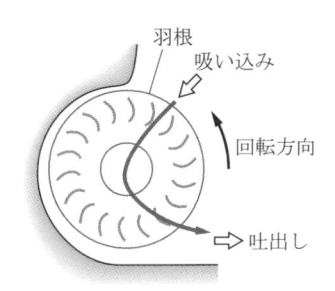

図 10.15　クロスフローファンの原理

10.2.4 送風機の性能

送風機の性能は，圧力 P と流量 Q により表した，P–Q 線図で示される．圧力 P には吸い込み口と吹き出し口との圧力差である静圧 P_s を用いる．流量 Q は風量 $[\mathrm{m}^3/\mathrm{h}]$ である．図 10.16 に P–Q 線図を示す．P–Q 線図はポンプの性能を表すにも使われる．

送風機の性能の一例を図 10.17 に示す．この特性は風量を基準としている．送風機の回転数を変化させると，風量は回転数に比例し，圧力は回転数の 2 乗に比例し，軸動力は回転数の 3 乗に比例する．これらを式で示すと次のようになる．

$$風\ 量 : Q_2 = Q_1 \left(\frac{N_2}{N_1}\right)$$

$$全\ 圧 : P_2 = P_1 \left(\frac{N_2}{N_1}\right)^2$$

$$軸動力 : W_2 = W_1 \left(\frac{N_2}{N_1}\right)^3$$

図 10.16　送風機の P–Q 線図

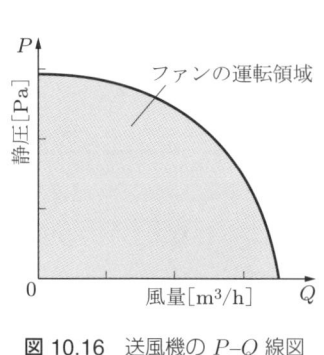

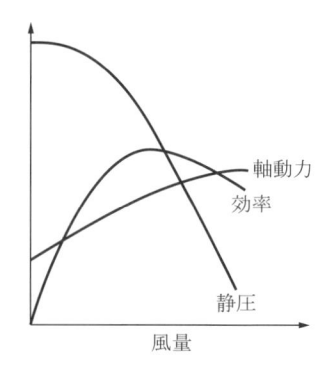

図 10.17　送風機の性能の一例

これらの関係から，送風機の省エネルギーには回転数制御が有効であることがわかる．

10.2.5　容積式送風機・圧縮機

容積式送風機・圧縮機は，一定容積内に気体を吸い込んで，閉じ込めた気体をピストンなどで圧縮し，容積を縮小させることによって圧力を高める方式である．

容積式送風機はルーツブロワのみ実用化されている．ルーツブロワは図 10.18 に示すように，繭形状（ルーツ）の回転子を用いる．この回転子が回転することにより密閉された部分の容積が縮小する．容積式送風機は圧力変動があっても風量の変化がないことが特徴である．ルーツブロワはロータが非接触で回転し，潤滑油がなくても運転可能である．そのため食品加工等に用いられる．

容積式圧縮機にはねじ式と可動翼形がある．ねじ式（スクリュー）圧縮機とは，気体をオスねじとメスねじの間の空間に吸い込み，回転に従って容積が減少することにより気体を圧縮する（図 10.19）．ねじ部には潤滑油を使用しないので清浄な圧縮空気が得られる．

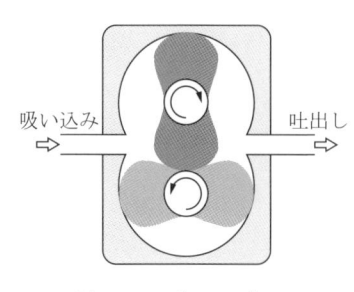

図 10.18　ルーツブロワ

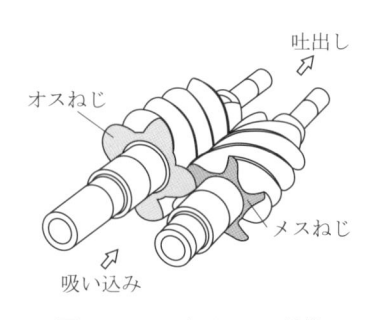

図 10.19　スクリュー圧縮機

可動翼形回転式圧縮機は，回転子が偏心して回転する．図 10.20 に示すように，回転子につけられたスライドするベーンで空間が仕切られている．回転することによって仕切られた空間の容積が縮小され，圧縮される．吐出し圧力は最も高いが，潤滑油が必要である．

往復（レシプロ）圧縮機は，シリンダ内のピストンを往復運動させ，気体を圧縮して圧力を高める．往復圧縮機は圧力比が高いが，吐出し圧力の脈動が大きい．そのため外部に空気だめが必要である．一般に据え付け面積が大きく，振動も大きい（図 10.21）．

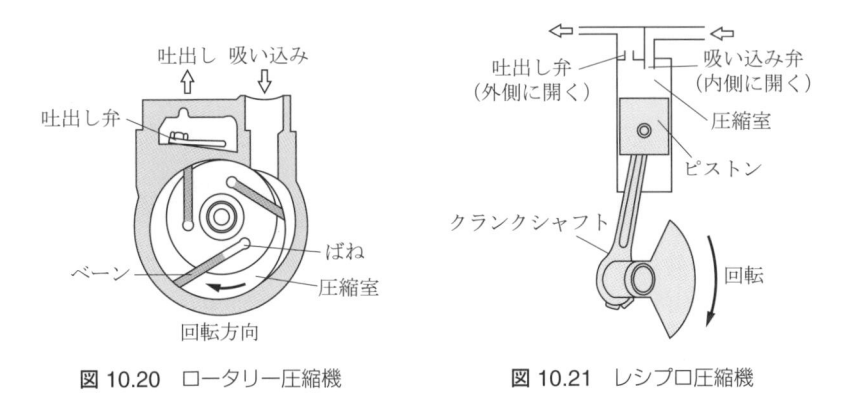

図 10.20　ロータリー圧縮機

図 10.21　レシプロ圧縮機

10.3　油圧と空気圧

油圧，空気圧装置はいずれも圧力の高い油または空気を利用して機械を動かす装置である．このうち，油圧シリンダ，空気圧シリンダとよばれるのは圧力を直線運動に変換するアクチュエータである．また，油圧モータ，空気圧モータは圧力を回転運動に変換するアクチュエータである．

10.3.1　油圧・空気圧の原理とシステム

油圧は，パスカルの原理を応用して大きな力を得る．パスカルの原理は，圧力 P は力 f に比例し，ピストンの断面積 S に反比例することを示している．

$$P = \frac{f}{S}$$

すなわち，図 10.22 に示すように二つのピストンの面積が 1 : 3 とする．右側の小さいピストンに一定の力を加えて押し下げると，左側のピストンにはその 3 倍の力が生じる．ただし，移動速度は 1/3 となる．圧力で駆動するということは高圧の流体を配管やパイプで送り出す必要がある．駆動すべき場所に設置されたピストンやアクチュ

図 10.22 パスカルの原理

エータで仕事を行う．

空気圧でも同じようなことが行える．しかし空気圧の場合，圧力が低く，大きな力を利用できない．その反面，使用済みの空気を大気に放出できるのでシステムが単純であり，圧縮空気の貯蔵も比較的容易に行えるという利点がある．

油圧・空気圧システムの基本を図 10.23 に示す．油圧システムでは，モーターなどで油圧ポンプを駆動し，油の圧力を高める．高圧油を油圧アクチュエータまで導き，油圧エネルギーを仕事に変換する．使用後の圧力の下がった油は油タンクに貯められ，再度利用される．

空気圧の場合，油が空気になり，使用後の空気をアクチュエータから放出すると考えればよい．

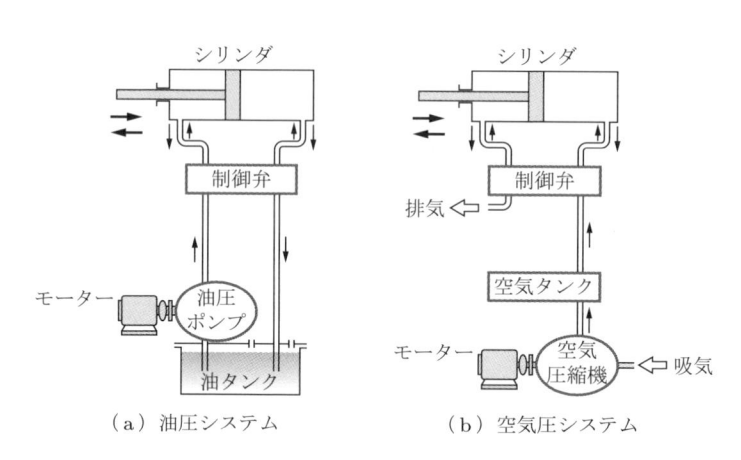

図 10.23 油圧システムと空気圧システム

10.3.2 油圧機器

(1) 油圧ポンプと油圧モーター

油圧ポンプには歯車ポンプ，ベーンポンプ，ねじポンプなどがあり，基本的にはポンプと同じ原理である．また油圧モーターはポンプと逆の働きをするが，構造，原理は油圧ポンプと同じで入出力が逆になったものである．油圧ポンプには電動のもののほか，エンジン駆動のものもよく使われる．図 10.24 に歯車式と斜板式を示す．(b) に示した斜板式は回転により斜めの板がピストンを押し引きするレシプロ式である．

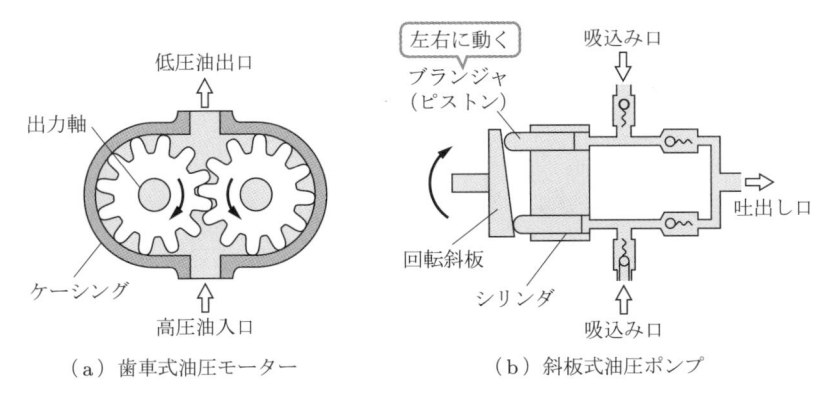

図 10.24　油圧モーターと油圧ポンプ

(a) 歯車式油圧モーター　　(b) 斜板式油圧ポンプ

(2) 油圧シリンダ

油圧シリンダは油の圧力を往復運動に変換するアクチュエータである．図 10.25 に油圧シリンダを示す．

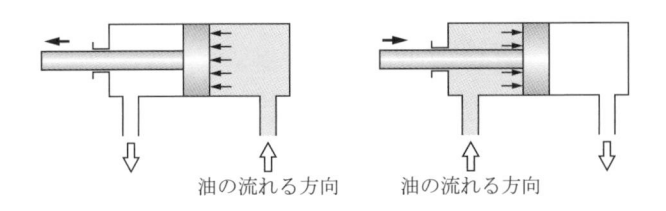

図 10.25　油圧シリンダ

(3) その他の機器

油圧システムには油を貯蔵するためのタンクが必要である．このほかに，高圧の油を蓄えることでエネルギーが貯蔵できるアキュムレータが必要である．さらに，図 10.26 に示すような各種の切換え弁や，油の冷却器なども必要である．

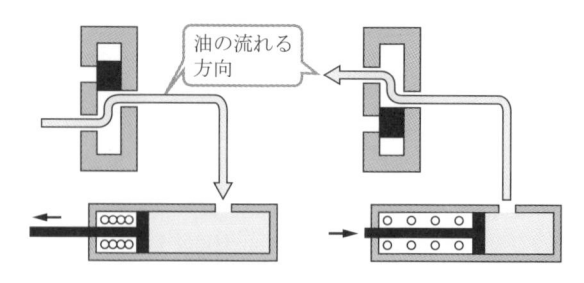

図 10.26　油圧切換え弁

10.3.3　油空圧の利用例

　パワーショベル，クレーンなどのアームやブームを駆動するのに油圧シリンダが使われる．また，走行も油圧モーターで行うものも多い．エンジンで油圧ポンプを駆動し，油圧配管で各種の動力に利用する．図 10.27 に示す油圧ショベルでは，ショベルの駆動のシリンダのほか，旋回，走行も油圧モーターで行っている．また，最近では，エンジンで発電機を駆動し，電動ポンプにより油圧を得るハイブリッド方式での油圧利用も出現している．

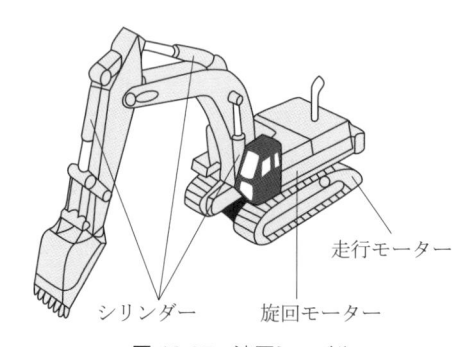

図 10.27　油圧ショベル

　薄板の形状を加工するプレス機は，油圧によりプレス圧を作り出している．図 10.28 に示すように，あらかじめ加工形状に作られているオス型（パンチ）とメス型（ダイ）

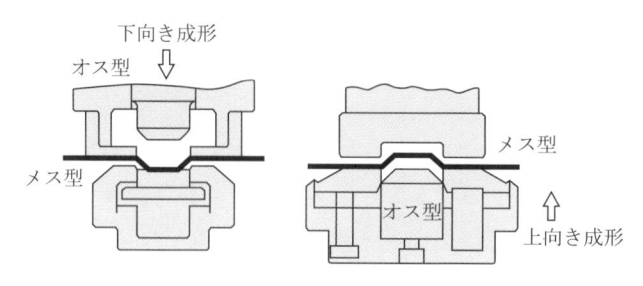

図 10.28　プレス機械

に板をはさみ，圧力をかけることで成形する．

自動車の油圧ブレーキは倍力装置ともよばれる．図 10.29 に示すように，ブレーキペダルの踏み力を油圧で増幅し，ブレーキシリンダの制動力に変換している．これにより踏力よりも大きな力で摩擦ブレーキを押し付けることができる．

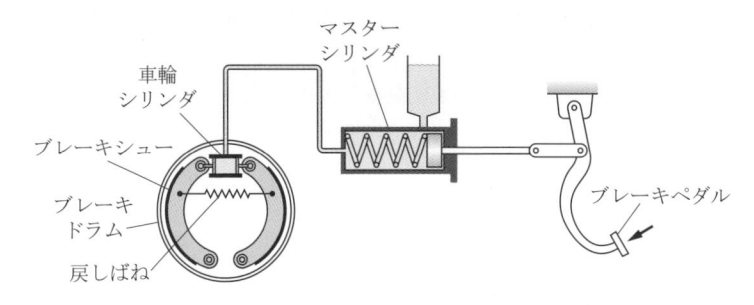

図 10.29 自動車の油圧ブレーキ

工場などの自動化装置（FA: Factory Automation）では空気圧を使って工作物のハンドリングをする．図 10.30 に示したのは，空気圧により工作物をつかむ（把持）装置である．

空気圧はこのほか，ドリルや釘打ちなどにも使われている．

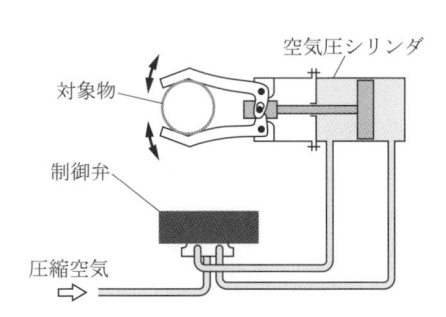

図 10.30 空気圧シリンダによる把持

10.4 超音波

超音波とは可聴周波数以上（20 kHz 以上）の振動を指す．超音波を利用して各種の測定も行われる．また超音波のエネルギーも利用されている．超音波は小さい振動変位で高い音圧と強いパワー密度をもっている．そのため，次のような用途で用いられている．

超音波洗浄器： 超音波の振動により，表面の汚れを取る装置である．図 10.31 に示

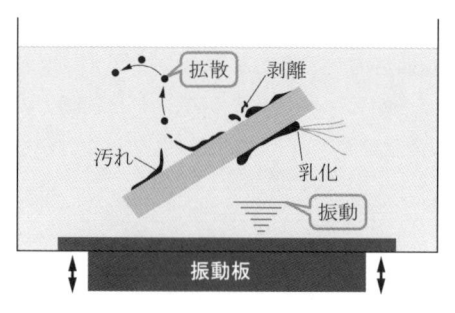

図 10.31　超音波洗浄の原理

すように，表面についた汚れが水中を伝わってきた超音波で振動する．これによりそのまま汚れが剥離して水中を拡散し，さらに汚れが細かい粒に分離して乳化する．電子部品や精密部品の洗浄に使われる．身近なところではメガネの洗浄にも用いられる．

超音波加湿器： 超音波を液体内に放射すると，液面から霧化粒子が発生する．液体を加熱する必要がなく，また，霧化した粒子が非常に小さいという特徴がある．しかし，最近の家庭用加湿器には超音波方式はあまり使われなくなった．

超音波モーター： 超音波の進行波を利用して摩擦力を介して対象物を移動させるものを超音波モーターという．図 10.32 に示すように 90° 位相の異なる振動を与えるとステータは楕円運動し，右向きの進行波が生じる．ローター（スライダ）が押し付けられているとローターは左向きに動く．ローターがリング状であれば回転運動が得られる．超音波モーターは低速，大トルクで動作するという特徴があり，カメラのオートフォーカス機構などで使用されている．

超音波溶接機： 超音波振動による摩擦や圧縮の繰り返しにより，発熱し，材料が軟化，溶融して溶着する．図 10.33 のような装置により，プラスチックの溶接，IC のリード線の溶接（ボンディング）などに使われる．

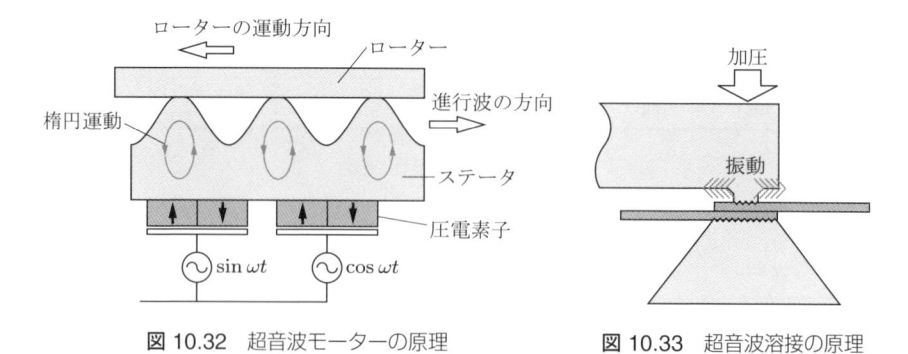

図 10.32　超音波モーターの原理

図 10.33　超音波溶接の原理

超音波カッター：刃物を超音波で振動させ，共振により大きな切断力を得ることができる．

超音波の発生にはピエゾ効果を利用した圧電素子が使われる．超音波のエネルギーを利用する場合，圧電素子を組み合わせたランジュバン型振動子とよばれる振動子が使われる．ランジュバン型振動子には，入力が 1000 W 以上の大出力のものもある．

各種資格試験の出題例

本章に関する内容は，以下のようにさまざまな資格試験で取り上げられている．問題によっては，本書の内容をこえるものがあるが，本書の説明でもある程度は理解できるはずである．ぜひ本書をスタートにそれぞれの専門書等で勉強を深めこれらの資格に挑戦してほしい．解答と出典は巻末を参照のこと．

10.1 全揚程が $H\,[\mathrm{m}]$，揚水量が $Q\,[\mathrm{m}^3/\mathrm{s}]$ である揚水ポンプの電動機の入力 [kW] を示す式は．ただし，電動機の効率を η_m，ポンプの効率を η_p とする．

イ．$\dfrac{9.8QH}{\eta_p\eta_m}$　ロ．$\dfrac{QH}{9.8\eta_p\eta_m}$　ハ．$\dfrac{9.8H\eta_p\eta_m}{Q}$　ニ．$\dfrac{QH\eta_p\eta_m}{9.8}$

（第一種電気工事士　筆記試験）

10.2 ディーゼル機関のはずみ車（フライホイール）の目的として，正しいものは．
イ．回転のむらを滑らかにする．
ロ．冷却効果を良くする．
ハ．始動を容易にする．
ニ．停止を容易にする．

（第一種電気工事士　筆記試験）

10.3 次の各文章及び表の ☐1☐ ～ ☐9☐ の中に入れるべき最も適切な数値を（解答群）から選び，その記号を答えよ．

定格点での流量 Q_N が $8\,\mathrm{m}^3/\mathrm{min}$，全揚程 H_N が 30 m，ポンプ効率 η_N が 65% のポンプがある．ただし，流体は水とし，水の密度を $1000\,\mathrm{kg/m}^3$ とする．また重力の加速度は $9.8\,\mathrm{m/s}^2$ とする．

1) この定格点での条件でポンプを駆動しているときの電動機の軸動力は ☐1☐ kW である．
2) ポンプの全揚程と流量の関係，ポンプ効率と流量の関係，及び負荷の抵抗特性を，定格点の諸量の値で正規化したところ次式を得た．ただし，h はポンプの全揚程，n は回転速度，q は流量，η^* はポンプ効率，r は実揚程を含めた管路抵抗であり，いずれも正規化した値である．

$$h = 1.2n^2 - 0.2q^2$$

$$\eta^* = 2.0\left(\frac{q}{n}\right) - \left(\frac{q}{n}\right)^2$$

$$r = 0.5 + 0.5q^2$$

このポンプで流量を $5\,\mathrm{m^3/min}$ に調整するときに，弁の開度で調整する場合と，回転速度制御により調整する場合の諸量は，次の表のようになる．

		流量調整の方法	
		弁の開度で調整	回転速度制御
ポンプの流量	q	0.625	0.625
ポンプの全揚程	h	☐ 2 ☐	☐ 5 ☐
ポンプの回転速度	n	1.0	☐ 6 ☐
ポンプ効率	η^*	☐ 3 ☐	☐ 7 ☐
ポンプの軸動力	p	☐ 4 ☐	☐ 8 ☐

これらの結果から，回転速度制御を行うことにより，軸動力を著しく削減できることが分かる．

3) このポンプで，回転速度制御により，さらに回転速度 n を徐々に下げたとき，初めて流量が 0 となる回転速度は $n=$ ☐ 9 ☐ のときである．

（解答群）
ア．0.457　イ．0.543　ウ．0.625　エ．0.645　オ．0.695
カ．0.750　キ．0.781　ク．0.803　ケ．0.816　コ．0.836
サ．0.859　シ．0.924　ス．0.951　セ．1.122　ソ．6.15
タ．25.5　チ．60.3

（エネルギー管理士（電気分野））

10.4 次の各文章の ☐ 1 ☐ ～ ☐ 5 ☐ の中に入れるべき最も適切な数値を（解答群）から選び，その記号を答えよ．

ポンプシステムの流量制御方式として，吐出し弁制御，台数制御併用吐出し弁制御，回転速度制御などがある．これらの方式を用いて流量を 1 p.u. から 0.5 p.u. に調整することを考える．図で，H はポンプシステムの流量−揚程特性曲線，R は吐出し弁全開時の管路抵抗曲線を示している．

(1) このポンプシステムが，特性曲線 H のポンプ 1 台を用いた吐出し弁制御方式であったとする．吐出し弁の開度によって流量を 1 p.u. から 0.5 p.u. に調整したとき，ポンプ効率は 0.75 p.u. であった．このとき，全揚程は ☐ 1 ☐ [p.u.]，軸動力は ☐ 2 ☐ [p.u.] である．

(2) このポンプシステムが，(1) と同じ特性のポンプ 1 台を用いた回転速度制御方式であったとする．吐出し弁全開で速度制御により流量を 1 p.u. から 0.5 p.u. に調整したとき，ポンプ効率は 1 p.u. であった．このとき，全揚程は ☐ 3 ☐ [p.u.]，軸動力は ☐ 4 ☐ [p.u.] である．

(3) このポンプシステムが，特性曲線 $H_{1/2}$ のポンプ 2 台を用いた台数制御併用吐出し弁制御方式であったとする．

流量を 1 p.u. から 0.5 p.u. に調整するため，2 台のうち 1 台のみで運転を

行った．このとき，ポンプ効率は 1 p.u. であった．この場合，ポンプシステムとしての軸動力は 5 [p.u.] である．なお，図の $R_{1/2}$ はポンプ 1 台のみを運転した場合の管路抵抗曲線である．

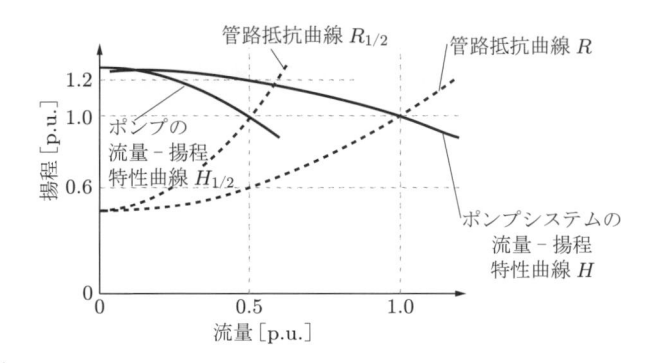

(解答群)

ア．0.3   イ．0.4   ウ．0.5   エ．0.6   オ．0.8
カ．0.9   キ．1   ク．1.1   ケ．1.2   コ．1.3

(エネルギー管理士（電気分野）)

10.5 次の各問に答えよ．

(1) 次の文章及び表の 1 ～ 7 の中に入れるべき最も適切な字句又は記述を（ 1 ～ 7 の解答群）から選び，その記号を答えよ．

ポンプを選択する際には，一般に次式で与えられる n_s が形式選定の基礎とされ，この n_s を 1 という．羽根車が相似形であるとき，n_s はポンプの大きさ及び回転速度に 2 ．

$$n_s = n \frac{\sqrt{Q}}{H^{\frac{3}{4}}}$$

ただし，n は毎分回転速度 $[\mathrm{min}^{-1}]$，Q は最高効率点における吐出し量 $[\mathrm{m}^3/\mathrm{min}]$，$H$ は最高効率点における全揚程 $[\mathrm{m}]$ とする．

n_s が大きいと一般に 3 揚程のポンプを意味する．

次の表に代表的なポンプの種類を示す．

ポンプの種類	特徴	n_s の概略範囲
4 ポンプ	遠心ポンプの一種で案内羽根を有している	100～250
5 ポンプ	遠心ポンプの一種で案内羽根を有さない	100～750
6 ポンプ	羽根車の遠心力及び羽根の揚力によって流体に速度エネルギー及び圧力エネルギーを与える	700～1200
7 ポンプ	羽根車はプロペラ形であり，羽根の揚力によって流体に速度エネルギー及び圧力エネルギーを与える	1200～2000

（ 1 ～ 7 の解答群）
ア．性能係数　　　　　　イ．比速度　　　ウ．比例する　　　エ．反比例する
オ．関わらず一定となる　　カ．低　　　　　キ．高　　　　　　ク．ディフューザ
ケ．渦巻　　　　　　　　コ．軸流　　　　サ．斜流

(2) 次の図の 8 ～ 12 の中に入れるべき最も適切な字句を（ 8 ～ 12 の解答群）から選び，その記号を答えよ．

　　図はポンプ及び管路の特性を表したものである．ポンプの運転点は，ポンプの特性には無関係な，管路自身の圧力損失および弁や管路中の絞りなどに影響を受ける．

（ 8 ～ 12 の解答群）
ア．ポンプの運転点　　イ．ポンプの締切点　　ウ．サージング限界点
エ．ポンプ揚程曲線　　オ．管路損失曲線　　　カ．管路抵抗曲線
キ．実揚程　　　　　　ク．吸込み揚程

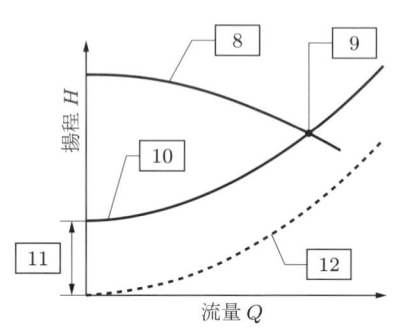

（エネルギー管理士（電気分野））

11 分散型電源

分散型電源は小規模な発電装置を分散して配置し，電力の供給を行う発電システムである．大規模な発電所による事業用発電と異なり，発電方式に特徴がある．ここでは太陽光や風力，燃料電池などの比較的規模の小さい発電装置を中心に述べる．

11.1 太陽光発電

11.1.1 太陽電池の原理と特性

太陽電池とは，光を起電力にエネルギー変換する半導体を用いて発電するシステムである．太陽電池は半導体の pn 接合に光が当たることにより光起電力が生じる．これをさらに詳しく説明する．n 型半導体とは多数キャリアが電子であり，p 型半導体とは多数キャリアが正孔である．このような 2 種類の半導体を接合すると pn 接合ができる．すると図 11.1 に示すように，接合部分では電子と正孔が再結合し，キャリアのない領域が出現する．これを空乏層という．

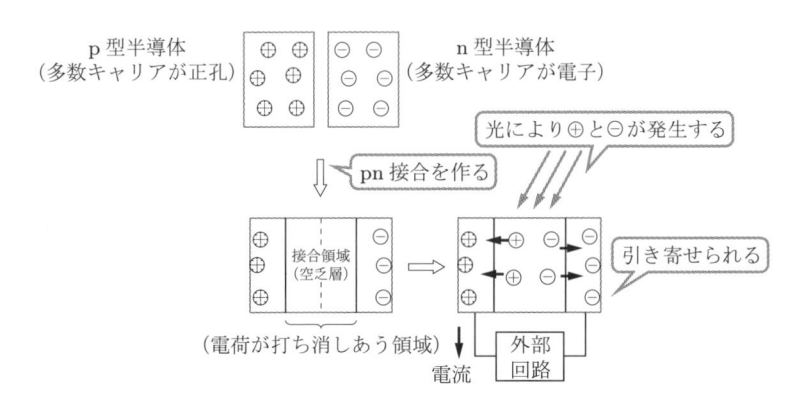

図 11.1 pn 接合と太陽電池の原理

この接合部分の空乏層に光が当たると，光のエネルギーによってこの空乏層に電子と正孔の対が発生する．発生した正孔は p 型半導体へ引き寄せられ，電子は n 型半導体へ引き寄せられる．これが光起電力となる．つまり，太陽電池は光のエネルギーを電気エネルギー（電力）に直接変換する働きをもっている．

さまざまな物質で太陽電池が実現されている．図 11.2 に，太陽電池の材料による分

```
                        ┌ 結晶シリコン ┌ 単結晶シリコン
          ┌ シリコン系  ┤             └ 多結晶シリコン
          │             └ アモルファスシリコン
          │             ┌ 単結晶化合物半導体（GaAs, InP など）
太陽電池 ┤ 化合物半導体 ┤
          │             └ 多結晶化合物半導体（CdTe, CIS など）
          │           ┌ 色素系
          └ 有機系   ┤
                      └ 有機半導体
```

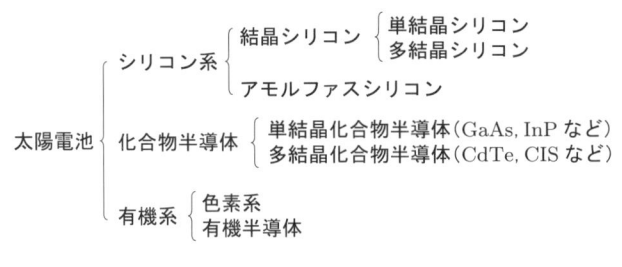

図 11.2 太陽電池の種類

類を示す．現在，最も広く用いられているのがシリコン系の太陽電池である．化合物系は近年，量産され始めた．有機系は開発中である．

このうち，単結晶シリコン太陽電池は最も古くから使われている太陽電池である．変換効率が高いことが特徴である．しかし，純度の高いシリコンから作られることなどから高価である．多結晶シリコン太陽電池は単結晶シリコンより材料，製造コストとも安価であり，変換効率も比較的高い．現在，最も多く使われている．アモルファスシリコン太陽電池は薄膜で発電可能なため，シリコン材料を少なくして発電可能である．また，高温時も出力が落ちにくい特性がある．

化合物半導体太陽電池は複数の元素の化合物を用いたもので，たとえば，GaAs, InGaAs, SiGe など種々の半導体が使われる．変換効率が高いことが特徴で，変換効率 40% を超えるものも出現している．高効率なものは高価なため，人工衛星やソーラーカーなどに搭載されている．また銅の化合物を使った，安価な化合物半導体太陽電池の開発も進んでいる．有機半導体太陽電池は有機物を含んだ固体の半導体薄膜である．常温で塗布するだけで製造できる．しかもフレキシブルやカラフルなものも可能である．軽量であることも特徴であり，今後の開発が待たれる．

太陽電池の電圧－電流特性を図 11.3 に示す．端子を開放したときの電圧を開放電圧 V_{OC}，端子を短絡したときの電流を短絡電流 I_{SC} とよぶ．出力電力が最大となる

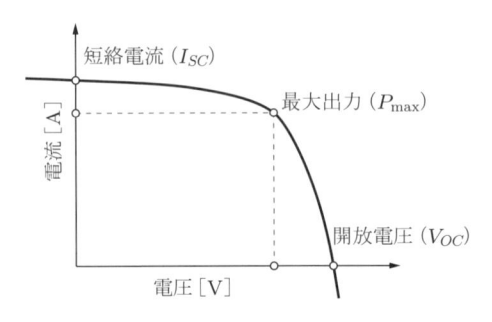

図 11.3 太陽電池の電圧－電流特性

点 P_max を最大出力点とよぶ．太陽電池の変換効率は，この最大出力を入射光強度で割った値で示される．この特性を使って次のように曲線因子 FF として性能が数値化される．FF が 1 に近いほど性能が高いことになる．

$$FF = \frac{P_\mathrm{max}}{V_{OC} I_{SC}}$$

太陽電池の特性を等価回路で表すと図 11.4 のようになる．電流源 I とダイオード D および直列抵抗 R_s と並列抵抗 R_{sh} で表すことができる．この回路において

$$V_\mathrm{out} = V_D - R_s I_\mathrm{out}$$

$$I_\mathrm{out} = I_{SC} - \frac{V_D}{R_{sh}}$$

となる．そこで，図 11.5 のように特性を近似して考えることができる．最大出力点 P_max と直線の交点とのずれは，ダイオード D が理想ダイオードでないことにより生じる．

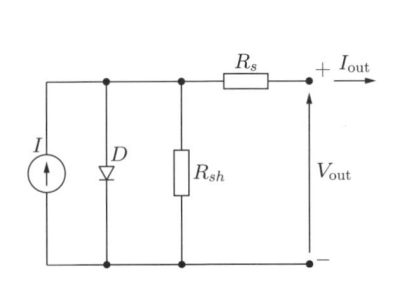

図 11.4　太陽電池の等価回路

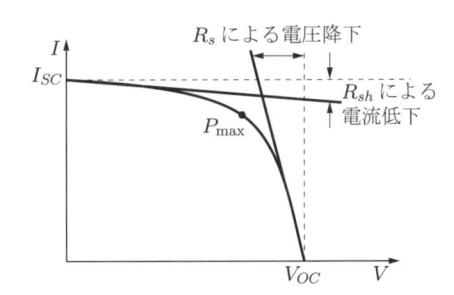

図 11.5　太陽電池の V–I 特性の近似

11.1.2　太陽光発電システム

太陽電池を発電システムに使う場合，多くの太陽電池を直並列接続する．太陽電池素子をセルという．セルを複数配列して，屋外で利用できるよう樹脂や強化ガラスなどで保護し，パッケージ化したものをモジュールまたはパネルという．モジュール（パネル）を複数枚並べて架台に取り付けたものをアレイとよぶ．これを図 11.6 に示す．太陽電池として通常販売されているのはモジュールである．

太陽光発電システムの構成を図 11.7 に示す．太陽電池アレイで発電した直流電力は中継端子箱を介してパワーコンディショナーに入力され，交流電力に変換される．交流電力は家庭内の負荷で利用される．余剰電力は商用電力系統に流し込まれる．そのた

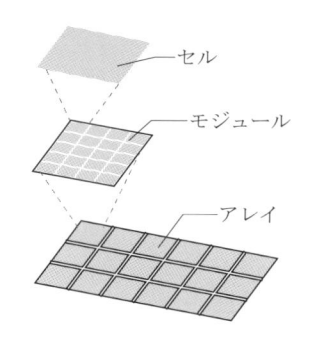

図 11.6 セル，モジュール，アレイ

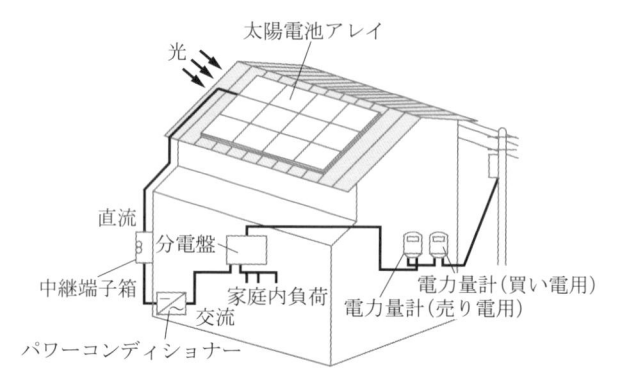

図 11.7 住宅用太陽光発電システムの構成

め，電力量計は通常の電力量計（買い電）のほかに売り電用の電力量計も設置される．

パワーコンディショナーとは直流を交流に変換するインバータの一種である．ただし，太陽電池特有の構成，制御仕様となっている．住宅用太陽電池パワーコンディショナーの回路を図 11.8 に示す．わが国の商用電力系統は単相 3 線式 200 V で配電されている．そのため，パワーコンディショナーは AC200 V を出力する必要がある．AC200 V の交流を得るためには，インバータに入力する直流は $\sqrt{2} \times 200 = 282$ V 以上が必要である．太陽電池は温度上昇により出力電圧が低下する．また，後述の MPPT 制御のために動作電圧を制御する必要がある．そのため，昇圧チョッパを用いて，直流電圧を昇圧し，安定化している．また，インバータは極力損失を減らし，しかも，ほぼ正弦波の電力を系統に供給するための高精度な PWM 制御が行われている．

次にパワーコンディショナーの制御について説明する．太陽電池は図 11.9 に示すように日射強度量によって電圧 – 電流特性が変化する．そのため，発電電力が変化するばかりでなく，最大電力が得られる電圧も変化してしまう．そこで，日射量の変化に応じ

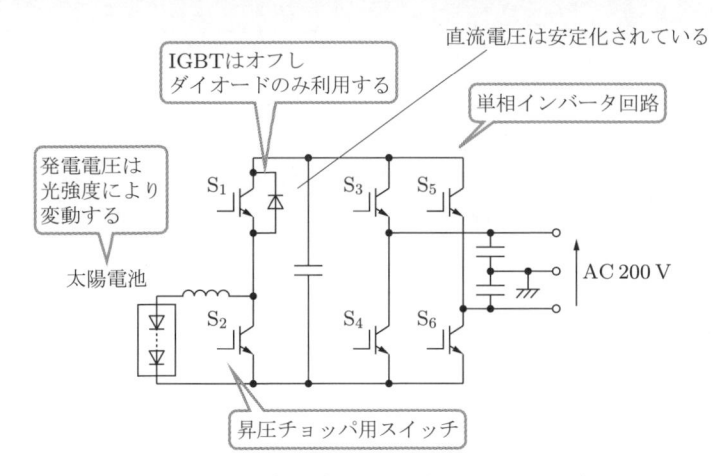

図 11.8　住宅用パワーコンディショナーの回路

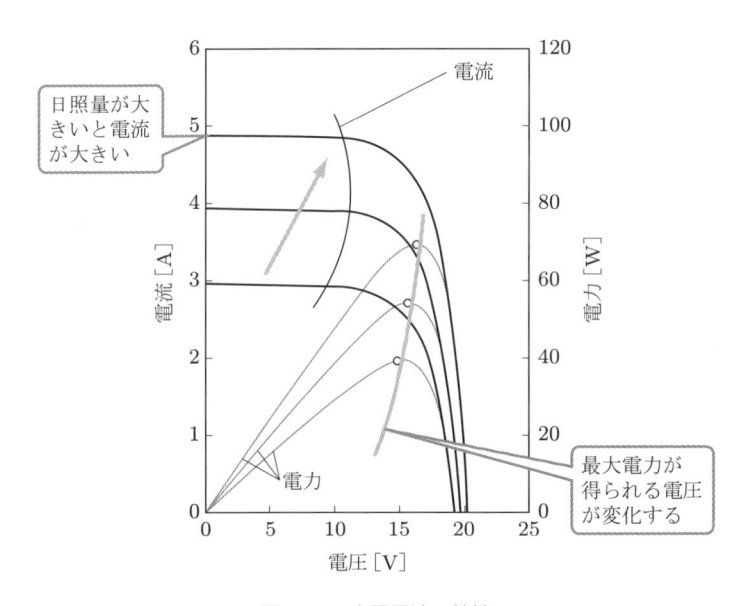

図 11.9　太陽電池の特性

て最大出力を追跡するように動作電圧を調節する．これを最大電力追従制御（MPPT: Maximum Power Point Tracking Control）という．

　MPPT の制御方法にはいろいろあるが，一般的に用いられている山登り法について説明する．図 11.10 に示した山登り法は，常に電圧を微調整する方法である．ある電圧 V_a のとき，電力が P_a だとする．このとき，動作電圧を少し高くして V_b とする．そのときの出力 P_b が P_a より大きい場合，さらに電圧を上げる．やがて出力電力が最

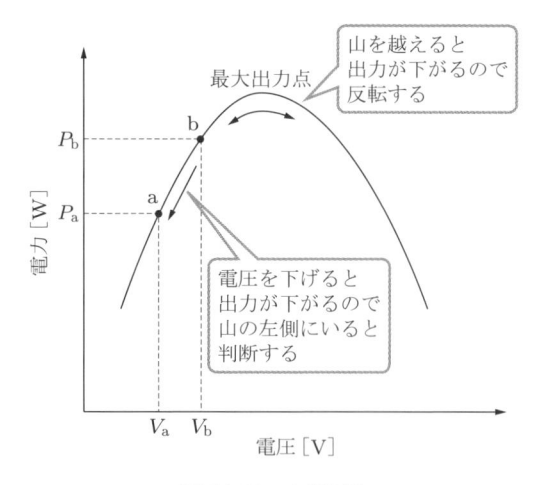

図 11.10 山登り法

大の点をこえると，出力電力が前回より低下する．このとき，最大電力の点を通過したと判断し，出力電力が最大値に戻るように今度は動作電圧を下げる．そのため，光照射量が一定の場合，出力電力は最大電力付近で変動していることになる．なお，太陽光発電は当然のことながら，1日の出力変動および天候による出力変動が大きい．

11.1.3 メガソーラーシステム

10 kW 以上の太陽光発電設備を産業用太陽光発電システムという．さらに，出力が 1 MW 以上の発電設備を一般にメガソーラーとよんでいる．

メガソーラーで発電した電力は電力会社（一般電気事業者）に卸売りする．このような事業者を IPP（独立系発電事業者，Independent Power Producer）とよぶ．太陽電池で発電事業をする場合，電力を電力会社に買い取ってもらうことになる．

このほか，電力の小売を行う PPS（特定規模電気事業者，Power Product Supplier）という形態がある．PPS とは契約電力が 50 kW 以上の需要家に対して，電力会社の送電網を通じて電力供給を行う事業者である．最近では新電力とよぶ．PPS の場合，電力網を使用するための電力の託送料金を電力会社に支払う必要がある．

電力は需要の変動に合わせて，瞬時に発電量をバランスさせる必要がある．これを同時同量という．電力会社であれば，系統の運用と発電を行っているので発電量のバランスをとりやすい．卸売り，小売電力とも電力品質を維持するために 30 分単位で電力の需要と供給を 3% 以内に一致させなければならない．供給にアンバランスがある場合，系統を運用している電力会社がバランスをとる．そのため，同時同量が達成できない場合，電力会社にその分の料金も支払うことになる．

なお，電力を販売する場合，表 11.1 のように契約電力ごとに電圧が定められている．メガソーラーは 1000 kW なので，6000 V の電力を供給する必要がある．

表 11.1 契約電力と電圧

出力	電圧	よび名
50 kW 未満	200 V	低圧
2000 kW 未満	6000 V	高圧
2000〜10000 kW	20000 V	特別高圧
10000〜50000 kW	60000 V	

太陽電池は，受光面の日射量に応じて発電量が変化する．そのため，太陽電池アレイに直角に太陽光が当たるように設置したい．わが国では当然のことながら南向きに設置する．太陽高度（水平線と太陽のなす角度）は，夏季は高角度，冬季は低角度となる．発電事業に用いる場合，年間の総発電量が最大となるような設置角度とする．この場合，20〜30 度となる．しかし，電力を売ることなしに，自家で消費する独立電源として使用する場合，冬季などの最低発電量時の発電量が最大となるようにする必要がある．そのため，角度は 50〜60 度となる．また，事業用発電所では，太陽電池アレイの設置角度は設置面積にも影響する．図 11.11 に設置角度と設置間隔による影の影響を示す．

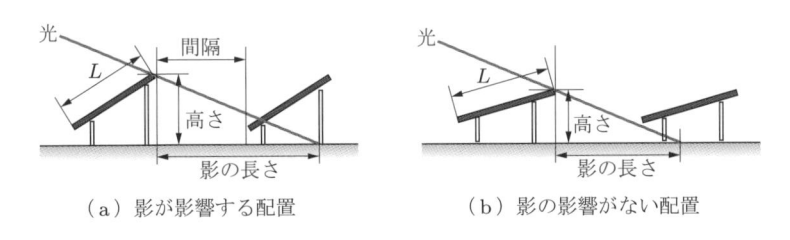

（a）影が影響する配置　　（b）影の影響がない配置

図 11.11 太陽電池アレイの配置

11.2 風力発電

地球上はどこでも風が吹いている．風は地球の自転により生じる．図 11.12 に示すように，赤道付近で大気が熱せられて上昇する．この大気が下降して地球に吹き込むとき，地球の自転の影響を受け，貿易風となる．また，中緯度地帯ではその反作用として偏西風が生じる．このように地球上では風のエネルギーが限りなくある．

本節では風のエネルギーを利用した風力発電について述べる．

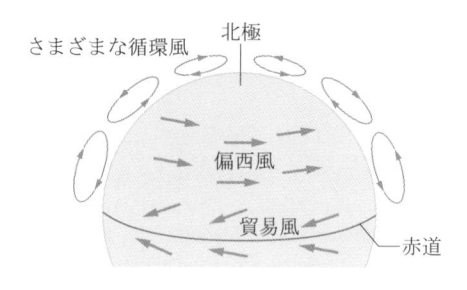

図 11.12　地球上の風

11.2.1　風　車

　風車は風力，すなわち，風のもつ運動エネルギーを回転力に変換する原動機である．風の運動エネルギーは次のように表すことができる．

$$運動エネルギー = \frac{1}{2}(風の質量)(風速)^2$$

毎秒当たりに通過する風の質量は（空気の体積 $[\mathrm{m}^3]$）×（空気の密度 $\rho\,[\mathrm{kg/m}^3]$）である．空気の体積とは（受風面積 $A\,[\mathrm{m}^2]$）×（風速 $V\,[\mathrm{m/s}]$）である．したがって，毎秒当たりのエネルギー $P\,[\mathrm{W}]$（パワー：仕事率）は次のように表すことができる．

$$P = \frac{1}{2}mV^2 = \frac{1}{2}(\rho AV)V^2 = \frac{1}{2}\rho AV^3$$

すなわち，風力エネルギーは受風面積に比例し，風速の3乗に比例する．

　風車の分類，形状により風力エネルギーの変換効率が異なる．風車には図 2.5 で示したように種々の形状がある．風車の分類を図 11.13 に示す．それぞれの風車には効率のよい風速がある．各種の風車の効率の比較を図 11.14 に示す．

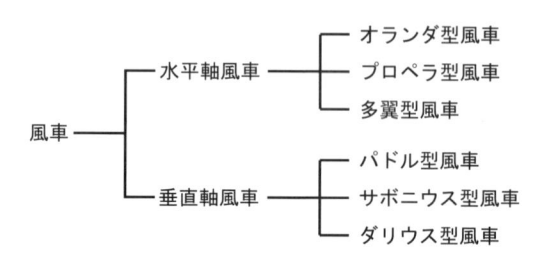

図 11.13　風車の分類

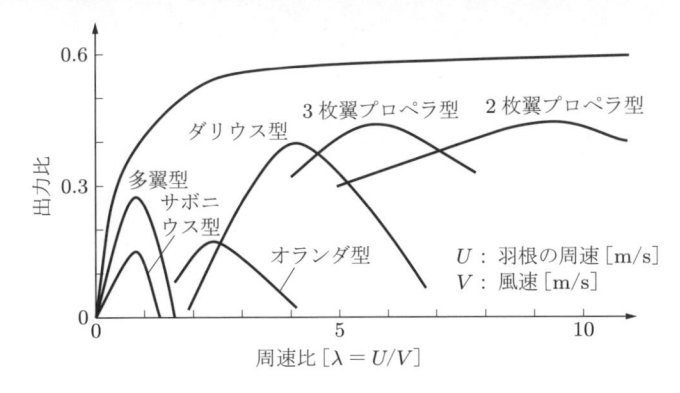

図 11.14　各種風車の効率

11.2.2　風力発電システムの基本構成と運転特性

　風力発電システムの基本構成を図 11.15 に示す．風車はタワー上のナセルに取り付けられている．ナセル内部には増速機と発電機がある．風車の低速の回転は増速機により回転数を上げて発電機を駆動する．発電機の出力は必要な場合には電力変換器により電力変換される．さらに変圧器により昇圧され，電力系統に電力が供給される．
　風力発電システムは増速機のあるものとないもの（ギアレス），風車の回転数を一定に保つものと風速に応じて変動するもの（可変速風車）がある．まず，回転数が一定な定速型風車の運転特性を説明する．

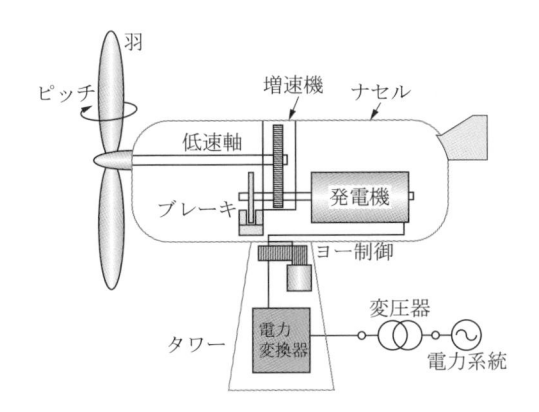

図 11.15　風力発電用風車の内部

(1) 定速型風車

　風力発電システムは常に発電しているわけではなく，ある範囲の風速で発電する．発電開始の風速をカットイン風速といい，3～5 m/s である．発電機ごとに決められている定格風速までの範囲では通常発電する．定格風速以上では風車の翼を制御して

出力を抑制する．カットアウト風速（24～25 m/s）に達すると危険防止のため回転を止めて，発電を停止する．図 11.16 に運転特性を示す．

風車はピッチ制御とヨー制御が行われる．ピッチ制御は風速や発電機の出力に応じて，ブレードの取付け角（ピッチ角）を変化させる．ピッチ制御によって回転数を制御する．ヨー制御は風車の方向を風向きに追従させる制御で，カットアウト風速以上の場合，ピッチ角を風向きに並行にして風車の回転を停止させる．定速型風車では，ピッチ制御により発電機の回転数を一定に保ち，発電周波数を制御している．交流発電機を使うので AC リンク方式とよばれる．低風速のときにも発電できるようにするために二段速に切り換えるシステムも使われている．

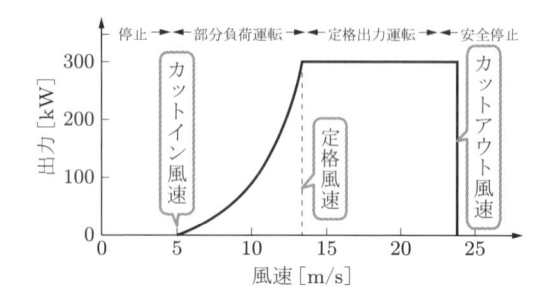

図 11.16 定速型風力発電の運転特性

(2) 可変速風車

低風速のときでも発電できるように開発されたのが可変速風車である．可変速風車では，ブレードの回転数が変化しても交流発電機を調整して発電周波数を一定にする．そのため，カットイン風速を低くすることができる．このような方式は AC リンク方式の可変速風力発電とよばれる．

永久磁石の進歩により，低速でも高い周波数を発電できる発電機が開発されるようになった．そのため，増速機を介さず，風車と発電機を直結するギアレス風車が用いられるようになった．このシステムでは，発電周波数が風速によって変化してしまうので，発電電力は直流に変換され，インバータにより系統周波数に変換される．このため DC リンク方式とよばれている．

11.2.3 風力発電用発電機

風力発電システムの運転特性は発電機によって大きく変わる．ここでは風力発電に使われる各種の発電機およびシステムについて述べる．

(1) かご形誘導発電機

　回転子にかご形巻線を用いた誘導発電機は，ブラシやスリップリングが不要なため，メンテナンスが必要なく，しかも回転子が堅牢であり，古くから多く用いられている交流発電機である．誘導モーターには回転磁界の同期回転数よりわずかに早く回転させると発電機になるという特性がある．そのため，系統電力により，固定子を同期回転数で励磁し，回転子の回転数をピッチ制御で調整すれば周波数の安定した発電機となる．また，固定子巻線を接続変更して極数切り換えすれば二段速での運転も可能となる．4極と6極を切り換えれば2/3の低速の運転も可能である．

　なお，かご形誘導発電機は始動電流が大きいため，図 11.17 に示すように系統併入用のソフトスタータが必要である．さらに，風速が変動するとすべりが変動してしまい，出力の変動が大きくなってしまうという欠点もある．しかし，最も安価なシステムである．

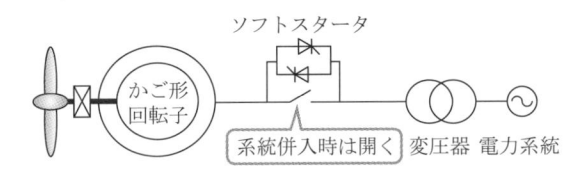

図 11.17　かご形誘導発電機システム

(2) 巻線形誘導発電機

　巻線形誘導発電機は，回転子巻線がスリップリングを介して外部と接続可能な誘導機である（図 11.18）．誘導発電機は二次抵抗（回転子巻線の抵抗）に応じてすべりが変化するという特性（比例推移）がある．これを利用することで，外部の抵抗値を調整すれば，風速が変化しても発電周波数を一定に保つことができる．すべりで調整できる範囲は 10% 程度である．そのため，瞬間的な風速の変動に対しては抵抗で調整し，大きな変動はピッチ制御により調整する．

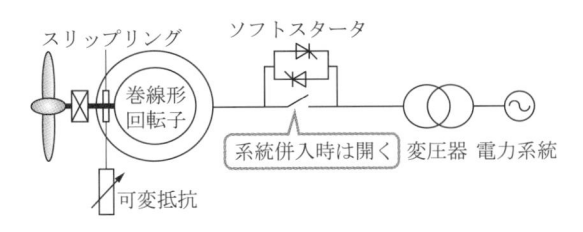

図 11.18　巻線形誘導発電機システム

(3) 二重給電誘導発電機

誘導発電機の回転子巻線に流れる電流は，すべり周波数の電流である．二重給電誘導発電機では回転子巻線に外部からすべり周波数の電流を供給する．すべり周波数の低周波の電流は，図 11.19 に示すように外部のインバータにより供給する．この方式は二次励磁型，超同期セルビウス方式などともよばれる．インバータは回転子回路に流す電流を供給するだけなので発電機に比較すると容量は小さい．

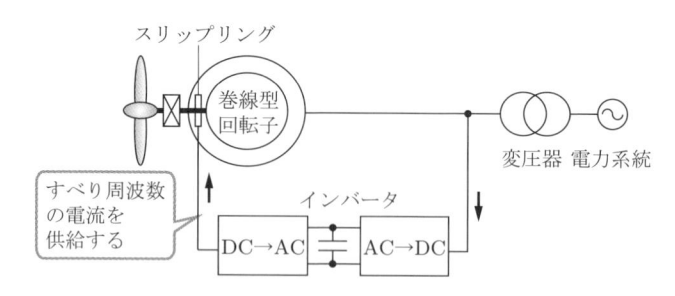

図 11.19 二重給電誘導発電機システム

(4) 同期発電機

風速に応じて同期発電機の回転数を変化させ発電するシステムである．同期発電機の出力は直流に変換される．直流電力はさらにインバータで系統周波数に変換される．風速による周波数変動はない．また系統に接続するときにも同期投入が可能である．発電した電力がいったん直流に変換されることから DC リンク方式とよばれる．

最近では多極の永久磁石同期発電機を使用して増速機を用いないシステムも増加している．図 11.20 の下部に示すように，永久磁石同期発電機はブラシやスリップリングが不要であり，さらに低速でそのまま発電できるので，ギアレスが可能で，増速機によるエネルギー損失もなくなる．

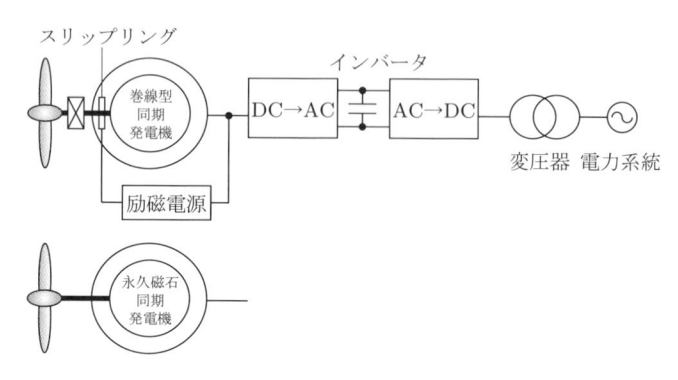

図 11.20 同期発電機システム

以上，述べた各方式の発電機システムの比較を表 11.2 に示す．

表 11.2 風力発電用発電機

		変速範囲	インバータ	単独運転	出力変動
AC リンク	かご形誘導発電機	一定速二段速	不要	不可能	大きい
	巻線形誘導発電機	狭い	不要	不可能	制御可能
	二重給電誘導発電機	広い	小容量	不可能	小さい
DC リンク	巻線形同期発電機	広い	風車出力の容量が必要	励磁電源が必要	小さい
	永久磁石同期発電機	広い	風車出力の容量が必要	可能	小さい

11.3 燃料電池発電

11.3.1 燃料電池

燃料電池は，水素と酸素を反応させることにより電流を取り出す発電装置である．燃料電池の原理を図 11.21 に示す．

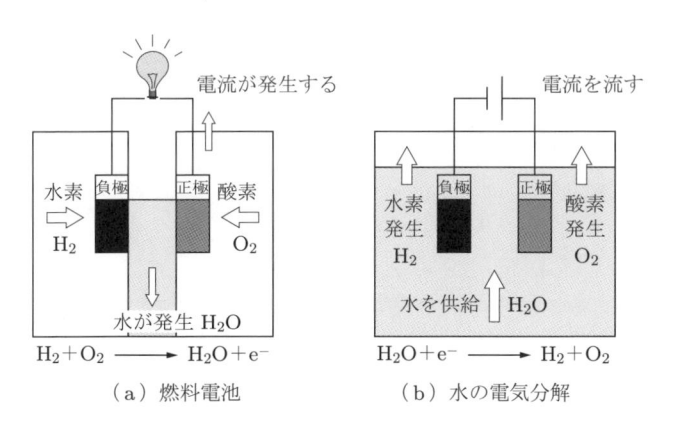

(a) 燃料電池　　　(b) 水の電気分解

図 11.21 燃料電池の原理

燃料電池の反応は，水の電気分解反応の逆方向であると考えることができる．水の電気分解とは，電流により水を酸素と水素に分解する反応である．燃料電池は，これと逆に水素と酸素により水と電子を生成する反応である．生成された電子が電流となり外部に流出する．

燃料極（負極，アノード）　　　$H_2 \rightarrow 2H^+ + 2e^-$

空気極（正極，カソード）　　　$\frac{1}{2}O_2 + 2H^+ + 2e^- \rightarrow H_2O$

　燃料極で生成された電子は外部回路へ供給される．水素イオンは電解質中を移動し，空気極に達すると外部から流入した電子により酸素と結合し水を生成する．このとき燃料極から外部に流出して外部回路を通り空気極に戻ってくる電子の流れを電力として利用する．

　燃料電池による水の生成反応をエネルギー的に説明する．水素ガスと酸素ガスのエンタルピーの差が反応によって取り出せるエネルギーである．取り出したエネルギーのうち電気として取り出すことができるのはギブスの自由エネルギーとして変換されたものである．これ以外のエネルギーは熱として消費されてしまう．エンタルピー差に対するギブスの自由エネルギーへの変化の比が理論効率であり，水素‑酸素の反応の場合，83%である．このときの理論起電力は 1.23 V である．これらは原理的にはこれ以上は得られないという数値である．実際の反応における数値は当然これより低い．

　燃料電池の特性を図 11.22 に示す．開放電圧（OCV: Open Circuit Voltage）は理論起電力に近いが，電流の増加とともに電圧は低下する．電源として使用する場合，電源インピーダンス[*1]が高いといわれるような特性である．

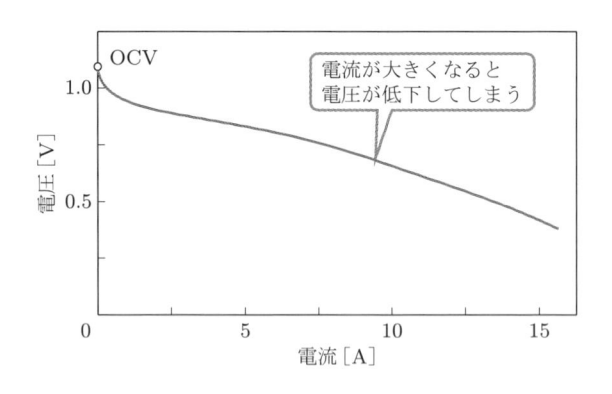

図 11.22　燃料電池の特性

　燃料電池は化学エネルギーから電気エネルギーへの直接変換するものであり，熱エネルギーや運動エネルギーという中間のエネルギー変換が不要である．そのため，本質的な発電効率は高い．燃料電池の反応は電極間に電解質が必要である．燃料電池に用いる電解質には多くの種類があり，燃料電池は電解質の種類により分類されている．表 11.3 におもな燃料電池の概要を示す．電解質によっては水素以外の一酸化炭素など

[*1] 電流が流れると電圧が低下してしまう特性を $Z_s = \Delta V/I\ [\Omega]$ で表す．

表 11.3　各種の燃料電池

種類	アルカリ型	固体高分子型	リン酸型	溶融炭酸塩型	固体酸化物型
通称	AFC	PEFC, PEM	PAFC	MCFC	SOFC
反応温度	5～240	60～80	160～210	600～700	900～1000
燃料	H_2	H_2	H_2	H_2, CO	H_2, CO
電解質	KOH	水素イオン交換膜	H_3PO_4	Li_2CO_3/K_2CO_3	ZrO_2–Y_2O_3
燃料極	多孔質 Ni	カーボン繊維	カーボン繊維	多孔質 Ni–Cr	Ni–ZrO_2 サーメット
燃料極触媒	Pt–Pd	Pt, Pt–Ru	Pt		
空気極	多孔質グラファイト	カーボン繊維	カーボン繊維	多孔質 NiO	$LaMnO_3$
空気極触媒	Pt, Ag, Au	Pt	Pt		
生成物	H_2O	H_2O	H_2O	H_2O, CO_2	H_2O, CO_2
想定用途	宇宙で過去に使われた	家庭用 自動車	分散型発電 コジェネレーション	大型発電所	家庭用 発電所

でも発電可能なので，都市ガスをそのまま燃料とすることもできる．ただし，水素を使わない場合には発電の際二酸化炭素が発生する．

　燃料電池に必要な酸素は空気を取り入れて用いている．一方，水素は液体水素，水素ガスなどで供給する場合と，ほかの燃料から水素を取り出す場合がある．たとえばメタン（CH_4）は，水蒸気により水素に変換することができる．これを改質という．高温（700～1100℃）において金属触媒が存在すると，水蒸気はメタンと反応し，一酸化炭素と水素が得られる．

$$CH_4 + H_2O \rightarrow CO + 3H_2$$

このままでは有毒な CO を排出してしまうので，実際の改質器ではさらに CO を水と反応させて CO_2 と H_2 に変換する．残留してしまった CO は外部に漏れないように除去するしくみになっている．

$$CO + H_2O \rightarrow CO_2 + H_2$$

都市ガス，LPG などを使った燃料電池は，このメタン改質を基本としている．

11.3.2　コジェネレーション

　燃料電池，改質器とも反応は発熱反応である．その排熱を利用してコジェネレーションシステムとして用いられる．コジェネレーションとは熱電併給システムともよばれ，発電システムの排熱を利用し，温水も同時に供給するシステムである．

　家庭用燃料電池コジェネレーションシステムはエネファームという愛称でよばれて

いる．都市ガス・LP ガス・灯油などから，改質器を用いて燃料となる水素を取り出し，空気中の酸素と反応させて発電するシステムである（図 11.23）．発電時の排熱を給湯に利用する．発電出力は 1 kW 程度であり，排熱出力も 1 kW 程度である．

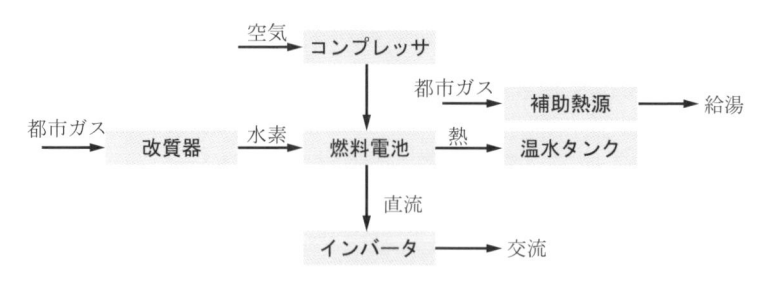

図 11.23　エネファームのシステム構成

　エネファームは，家庭にガスの発電所を設けるのが第一目的ではない．給湯用の温水をつくるときの副生成物として電力を利用することと考えたほうがよい．発電のために必要以上の温水を作ってもエネルギーのむだになる．

　このほか，コジェネレーションとして発電機を駆動するためのエンジンやタービンの排熱による温水を利用するシステムがある．ビル，事業所などの大規模なコジェネレーションシステムでは温水を吸収式冷凍機の熱源に使い，冷房も行っている．また，ボイラーで蒸気を製造することを第一目的とし，余剰な蒸気の熱を利用したりすることも行われている．

　地域冷暖房システムでは，冷熱供給とコジェネレーションシステムをあわせるシステムも見られる．図 11.24 に地域冷暖房・コジェネレーションシステムのイメージを示す．

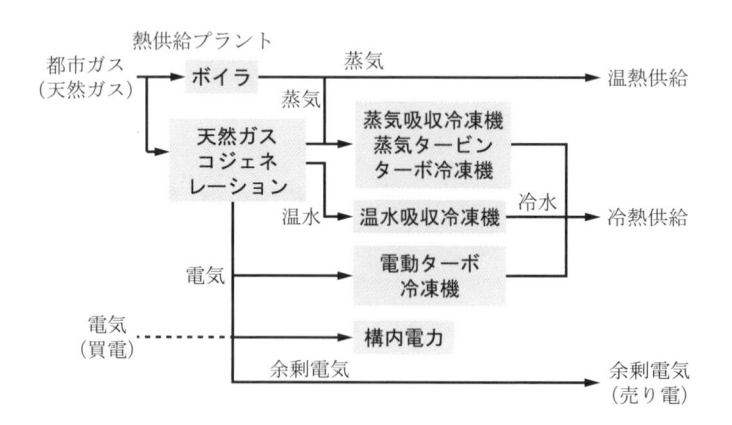

図 11.24　地域冷暖房・コジェネレーションシステムのイメージ

11.4　系統連系とスマートグリッド

分散型発電システムには電力系統との接続が欠かせない．これを系統連系という．

11.4.1　系統連係

電力会社の送電網や配電網を系統とよぶ．系統に発電設備を接続することを連系[*1]という．50 kW 以下の小規模発電設備は 100/200 V の低圧配電線と連系される．50 kW 以上では 6000 V の高圧系統と連系する．系統連系とは，単に電力会社の電力系統に発電設備を接続することである．電力会社の配電線に対して発電設備から系統へ電力を流し込むことは逆潮流という．図 11.25 に示すように，逆潮流とは需要家から電力系統に電力が流入することを示す．潮流とは電力潮流のことで，電力会社から需要家に向けて流れる電力を指す．系統連系は逆潮流のありなしで技術的に違いが大きい．

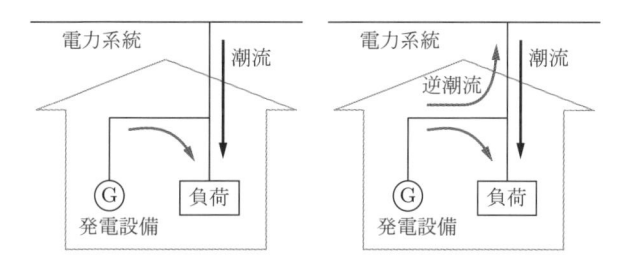

図 11.25　逆潮流なしと逆潮流あり

逆潮流なしの系統連系の場合，通常は必要な電力を自らの発電システムで賄う．発電量が不足したときは，不足する分だけを系統から受電する．一方，逆潮流ありの場合は，必要な電力は自らの発電システムで賄い，電力が不足する分は系統から受電することは同じであるが，電力が余っている場合，系統に逆潮流させ，売り電するシステムである．

系統連系を行う場合，発電設備には電力会社が供給する電力と同様の品質が要求される．電圧や周波数上昇が基準値以内になっていないと，電力会社の系統全体の品質に悪影響を及ぼしてしまう．そのため，電圧や周波数の異常があった際には瞬時に電力会社系統から切り離す必要がある．これを解列とよぶ．このような技術的な細かい取り決め（系統連系規定）に従う必要がある．逆潮流ありの場合，電圧や周波数などの電力品質ばかりでなく，系統が事故時の動作等も細かく決められている．とくに問題になるのが単独運転防止機能である．単独運転防止とは，系統が事故等で停電して

[*1]　連係，連携などの文字も使われる．

いるときに単独で運転して逆潮流を流し込まないように，系統から解列しなくてはならない取り決めである．

11.4.2 蓄電システム

電気エネルギーは貯蔵するのが難しいといわれてきた．ところが，各種の電池が発達し，電力系統の規模で電力を貯蔵する技術も進んできている．また，太陽電池などの小規模の非安定電源の電力平準化などにも使われるようになってきた．

(1) 電力系統の蓄電システム

電力は貯蔵ができないため，電力系統では電力消費に見合うように発電量を制御し，調整する．これを電力の運用という．電力の運用とは発電量が消費量と等しくなるようにする技術である．このため，発電能力は夏季昼間の最大需要にあわせて設備する必要があった．しかし，発電能力に余裕がある夜間に発電し，その電力を貯蔵できれば，昼間にそれを放出して電力を平準化できる．

揚水発電所は，図 11.26 に示すように上部と下部の二つの池をもっている．上部池から下部池に水を流して発電する．下部池から上部池に揚水することにより，電気エネルギーを水の位置エネルギーに変換してエネルギーを蓄える．発電用水車は揚水時には回転方向を逆にしてポンプとしてはたらく．余剰電力の電池としてはたらくばかりでなく，ほかの発電所が事故などで停止したときに数分で始動できる緊急対応の発電所というはたらきもしている．

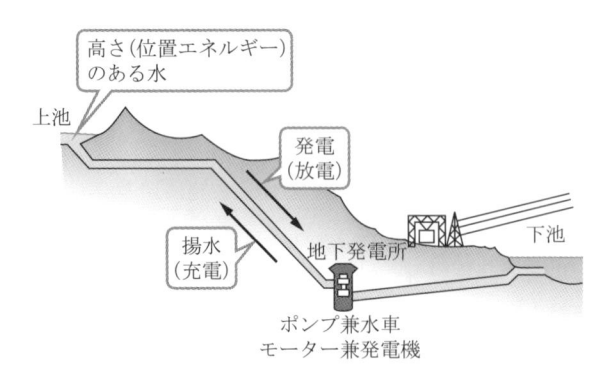

図 11.26　揚水発電所のしくみ

NAS 電池（ナトリウム・硫黄）は負極側に液体ナトリウム（Na），正極側に液体硫黄（S）を使用し，その間にベータアルミナという固体の電解質が置かれている．ベータアルミナは，電子は通さずにナトリウムイオンのみが移動することができる電解質である．充電・放電共に硫黄は動かず，ナトリウムイオンと電子のみが正極と負極間

を移動する．NAS 電池の充放電の動作原理を図 11.27 に示す．ナトリウムと硫黄を液体状態で使用するために，300°C という高温で動作する．

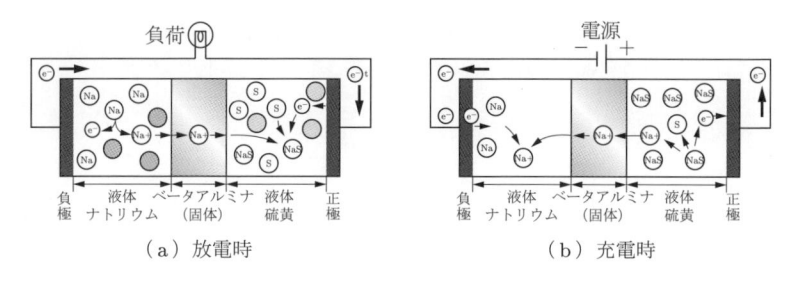

図 11.27 NAS 電池の原理

レドックスフロー電池は，還元（reduction），酸化（oxidation）反応を起こす物質を循環（flow）させる電池である．レドックスフロー電池では電解液にバナジウムイオン水溶液を用いている．電池セル内を電解液が循環する際にバナジウムのイオン価数が変化することで充電あるいは放電が行われる．

$$\text{正極} \begin{cases} V^{5+} + e^- \xrightarrow{\text{放電}} V^{4+} \\ V^{5+} + e^- \xleftarrow{\text{充電}} V^{4+} \end{cases}$$

$$\text{負極} \begin{cases} V^{2+} \xrightarrow{\text{放電}} V^{3+} + e^- \\ V^{2+} \xleftarrow{\text{充電}} V^{3+} + e^- \end{cases}$$

レドックスフロー電池は電解液の入った大きな電解液タンク，あるいは電解液を循環させるポンプが必要である．

(2) 小容量の蓄電池システム

データセンターなどの非常用電源やバックアップ電源として蓄電池を使った産業用蓄電システムは古くから使われている．多くは鉛蓄電池を使ったシステムであり，非常用発電機が始動するまでの電源として常時待機している．また，UPS[*1]として瞬時停電の防止にも使われている．

一方，家庭用などの小型自家用の蓄電システムも使われるようになってきた．このような蓄電システムは太陽電池と組み合わせて，夜間の電力に対応したり，割安な夜間電力を昼間利用したりするシステムとして使われる．最近ではリチウム電池などの小型電池が開発され，家庭用としてサイズの問題も改良されてきている．このような

[*1] Uninterruptible Power Supply．無停電電源装置．

システムは，基本的には商用系統に連係し，充電放電を行うシステムである．図 11.28 に家庭用蓄電システムの構成を示す．

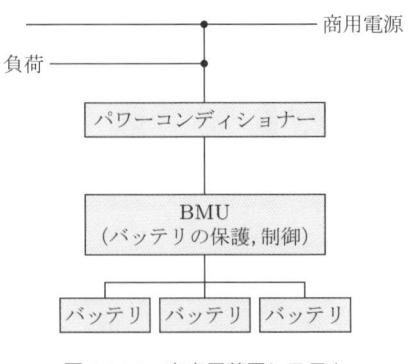

```
                    ●─────── 商用電源
         負荷 ──────┤
                    │
              ┌─────┴─────┐
              │パワーコンディショナー│
              └─────┬─────┘
                    │
              ┌─────┴─────┐
              │    BMU    │
              │(バッテリの保護,制御)│
              └──┬──┬──┬──┘
              ┌──┴┐┌┴─┐┌┴──┐
              │バッテリ││バッテリ││バッテリ│
              └───┘└──┘└───┘
```

図 11.28　家庭用蓄電システム

11.4.3　マイクログリッド・スマートグリッド

　マイクログリッドとは，分散型電源と消費施設をもつ小規模なエネルギーネットワークをいう．太陽光発電，風力発電，バイオマス発電，コジェネレーションなどで発電する．しかし，それらの電力供給特性は平準化されていない．そのため，地域内の電力需要発電量を適合させるようにネットワーク全体を管理して運転する．小規模な電力網である．都市部で電力を消費し，遠隔地に発電所を設ける大規模な集中発電方式と対応させた用語である．

　一方，スマートグリッドとは，通信・制御機能を付加した電力網である．停電防止や送電調整のほか多様な情報処理等を目的にした電力網である．小規模電力網には限定していない．スマートグリッドではスマートメーターとよばれる通信機能をもった電力量計を採用し，すべての電力機器をデジタルネットワークで結ぶ．特に欧米では停電防止の効果が期待されている．

(1) マイクログリッド

　マイクログリッドの例を図 11.29 に示す．マイクログリッドは地域内の電力ネットワークであり，電力の地産地消を目指すわが国で生まれたコンセプトである．災害等で電力会社からの供給が止まっても電気が使用でき，電力会社からの送電線の建設費用，送電時のロスなどが少なくなる．また，発電所が近くにあるため，発電の際に発生する熱を利用しやすい．

　マイクログリッド内で電力の需要と供給のバランスが崩れると，電圧や周波数といった電力品質も変動し電気機器に悪影響を及ぼす．そのため，マイクログリッドでは電力系統との連系を行う．マイクログリッド内の分散型電源では電力が不足する場合には

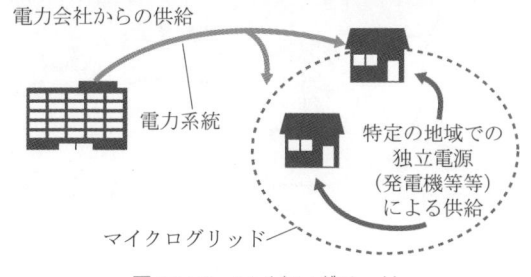

```
          電力会社からの供給
                              特定の地域での
          電力系統            独立電源
                              （発電機等）
                              による供給
          マイクログリッド
```

図 11.29 マイクログリッド

電力系統の電力で補う．また，電力が余剰の場合は電力系統側に供給する．マイクログリッド内の電力貯蔵装置で分散型電源の電力変動が平準化できる．マイクログリッドにより，分散型電源の変動に対して系統側の負担が小さくなる．今後，分散型電源の普及が進んでゆくので，電力ネットワーク全体の安定性を維持するためにはマイクログリッドのような機能が必要である．

(2) スマートグリッド

スマートグリッドは，米国の脆弱な送配電網を通信制御技術によって運用する手法として考えられたコンセプトである．米国ではスマートグリッドの狙いとして，電力平準化，停電対策，再生可能エネルギーの導入および，エコカーのインフラ整備をあげている．マイクログリッドとの違いは，大規模送電網を対象にしていること，およびエコカーを含めていることである．

スマートグリッドで対象としているエコカーとは電気自動車であり，そのインフラとは充電設備を指す．電気自動車が増加すると，その充電のための電力量も大きくなる．そのため，充電の分散，管理を行わないと電力系統への負荷が大きくなる．一方では電気自動車やハイブリッド自動車に搭載されたバッテリを蓄電に使うという考えも出てきている．これはV2G（Vehicle to Grid），V2H（Vehicle to Home）などとよばれる図 11.30 に示すような駐車中の自動車を電力系統に接続し，蓄電池として使うというものである．図において，V2H は自動車を家庭の電力線に接続し，HEMS（Home Energy Management System）によって電池の充電，放電を制御する．一方，V2G は充電設備を介して電力系統と接続するもので，電力会社への売り電も可能である．ただし，自動車が直接電力線と接続し，電力運用ネットワークに入るわけには行かないので，HEMS のようなシステムを介して接続することになる．HEMS を備えた住宅をスマートハウスとよんでいる．わが国ではすでに一部地域で電力量計のスマートメータへの置き換えが始まっている．

電気自動車用バッテリの寿命は充放電回数により決まり，しかも，高価である．したがって，自動車のバッテリをほかに流用するというコンセプトはバッテリのさらな

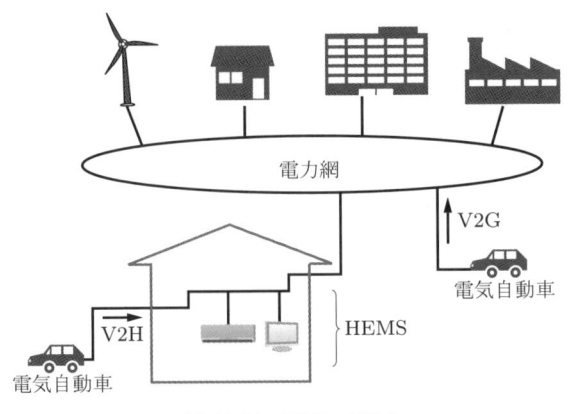

図 11.30 V2G, V2H

る長寿命化が進まない限り成り立たない．また，家庭内に蓄電装置を設置する場合でも，自家用の分散型電源を所有していなければ，高価な蓄電池を所有しても効果が見えない．電力需要の平準化が目的でユーザーへのメリットにはなりにくい．

このような分野で注目されているのは BEMS (Building Energy Management System) である．BEMS とは，業務ビルにおいて，省エネルギー管理を支援するシステムである．室温や人が室内にいるか否かなどの室内状況をセンサー等により把握し，室内状況に対応した照明・空調等の最適な運転を情報通信技術により行う．業務用ビルの空調機の集中管理を中心に利用されるようになってきた．

各種資格試験の出題例

本章に関する内容は，以下のようにさまざまな資格試験で取り上げられている．問題によっては，本書の内容をこえるものがあるが，本書の説明でもある程度は理解できるはずである．ぜひ本書をスタートにそれぞれの専門書等で勉強を深めこれらの資格に挑戦してほしい．解答と出典は巻末を参照のこと．

11.1 太陽光発電に関する記述として，誤っているものは．

イ．太陽電池は，半導体の pn 接合部に光が当たると電圧を生じる性質を利用し，太陽光エネルギーを電気エネルギーとして取り出すものである．

ロ．太陽電池の出力は直流であり，交流機器の電源として用いる場合は，インバータを必要とする．

ハ．太陽光発電設備を電気事業者の電力系統に連系させる場合は，系統連系保護装置を必要とする．

ニ．太陽電池を使用して 1 [kW] の出力を得るには，一般的に 1 [m^2] 程度の受光面積の太陽電池を必要とする．

(第一種電気工事士　筆記試験)

11.2　風力発電に関する記述として，誤っているものは．
　　イ．風力発電設備は，風の運動エネルギーを電気エネルギーに変換する設備である．
　　ロ．風力発電設備は，風速等の自然条件の変化による出力変動が大きい．
　　ハ．一般に使用されているプロペラ形風車は，垂直軸形風車である．
　　ニ．風力発電設備は，温室効果ガスを排出しない．
　　　　　　　　　　　　　　　　　　　　　　　　（第一種電気工事士　筆記試験）

11.3　燃料電池の発電原理に関する記述として，誤っているものは．
　　イ．りん酸形燃料電池は発電により水を発生する．
　　ロ．燃料の化学反応により発電するため，騒音はほとんどない．
　　ハ．負荷変動に対する応答性にすぐれ，制御性が良い．
　　ニ．燃料電池本体から発生する出力は交流である．
　　　　　　　　　　　　　　　　　　　　　　　　（第一種電気工事士　筆記試験）

11.4　りん酸形燃料電池の発電原理図として，正しいものは．

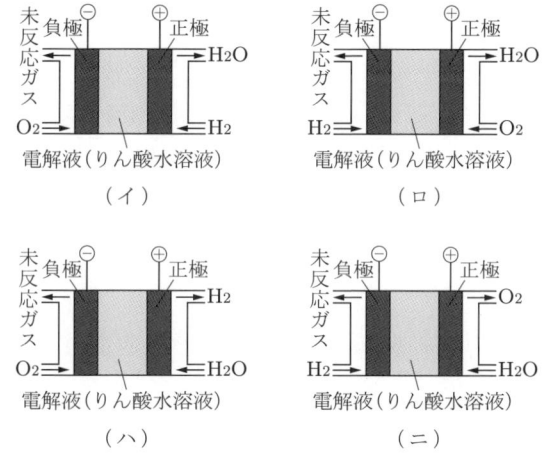

（イ）　　　　　　　　　　　　　　（ロ）
（ハ）　　　　　　　　　　　　　　（ニ）

　　　　　　　　　　　　　　　　　　　　　　　　（第一種電気工事士　筆記試験）

11.5　次の文章は風力発電に関する記述である．
　　風として運動している同一質量の空気が持っている運動エネルギーは，風速の　ア　乗に比例する．また，風として風力発電機の風車面を通過する単位時間当たりの空気の量は，風速の　イ　乗に比例する．したがって，風車面を通過する空気の持つ運動エネルギーを電気エネルギーに変換する風力発電機の変換効率が風速によらず一定とすると，風力発電機の出力は風速の　ウ　乗に比例することとなる．
　　上記の記述中の空白箇所ア，イ及びウに当てはまる数値として，正しいものを組み合わせたのは次のうちどれか．

	ア	イ	ウ
(1)	2	2	4
(2)	2	1	3
(3)	2	0	2
(4)	1	2	3
(5)	1	1	2

(第三種電気主任技術者　電力科目)

11.6 太陽光発電は，　ア　を用いて，光のもつエネルギーを電気に変換している．エネルギー変換時には，　イ　のように　ウ　を出さない．

すなわち，　イ　による発電では，数千万年から数億年間の太陽エネルギーの照射や，地殻における変化等で優れた燃焼特性になった燃料を電気エネルギーに変換しているが，太陽光発電では変換効率は低いものの，光を電気エネルギーへ瞬時に変換しており長年にわたる　エ　の積み重ねにより生じた資源を消費しない．そのため環境への影響は小さい．

上記の記述中の空白箇所ア，イ，ウ及びエに当てはまる組合わせとして，最も適切なものを次の (1)～(5) のうちから一つ選べ．

	ア	イ	ウ	エ
(1)	半導体	化石燃料	排気ガス	環境変化
(2)	半導体	原子燃料	放射線	大気の対流
(3)	半導体	化石燃料	放射線	大気の対流
(4)	タービン	化石燃料	廃　熱	大気の対流
(5)	タービン	原子燃料	排気ガス	環境変化

(第三種電気主任技術者　電力科目)

11.7 風力発電に関する記述として，誤っているものを次の (1)～(5) のうちから一つ選べ．

(1) 風力発電は，風の力で風力発電機を回転させて電気を発生させる発電方式である．風が得られれば燃焼によらずパワーを得ることができるため，発電するときに CO_2 を排出しない再生可能エネルギーである．

(2) 風車で取り出せるパワーは風速に比例するため，発電量は風速に左右される．このため，安定して強い風が吹く場所が好ましい．

(3) 離島においては，風力発電に適した地域が多く存在する．離島の電力供給にディーゼル発電機を使用している場合，風力発電を導入すれば，そのディーゼル発電機の重油の使用量を減らす可能性がある．

(4) 一般的に，風力発電では同期発電機，永久磁石式発電機，誘導発電機が用いられる．特に，大形の風力発電機には，同期発電機又は誘導発電機が使われている．

(5) 風力発電では，翼が風を切るため騒音を発生する．風力発電を設置する場所によっては，この騒音が問題となる場合がある．この騒音対策として，

翼の形を工夫して騒音を低減している．

(第三種電気主任技術者　電力科目)

11.8 次の文章は，太陽光発電に関する記述である．

現在広く用いられている太陽電池の変換効率は太陽電池の種類により異なるが，およそ ア ％である．太陽光発電を導入する際には，その地域の年間 イ を予想することが必要である．また，太陽電池を設置する ウ や傾斜によって イ が変わるので，これらを確認する必要がある．さらに太陽電池で発電した直流電力を交流電力に変換するためには，電気事業者の配電線に連系して悪影響を及ぼさないための保護装置などを内蔵した エ が必要である．

上記の記述中の空白箇所ア，イ，ウ及びエに当てはまる組合せとして，最も適切なものを次の (1)〜(5) のうちから一つ選べ．

	ア	イ	ウ	エ
(1)	7〜20	平均気温	影	コンバータ
(2)	7〜20	発電電力量	方位	パワーコンディショナ
(3)	20〜30	発電電力量	強度	インバータ
(4)	15〜40	平均気温	面積	インバータ
(5)	30〜40	日照時間	方位	パワーコンディショナ

(第三種電気主任技術者　電力科目)

おわりに

　本書では電気エネルギーの利用とそのしくみについて述べた．すべてを読み返してみると，あらためて，われわれの生活は電気エネルギーなしでは成り立たないことを痛感した．2011年の原発事故に起因する電力不足に際して「たかが電気」と言った有名人がいたと聞く．しかし，たかが電気ではないのである．電気がなければ，つるべ井戸で水を汲んで，薪で煮炊きしなくてはならない．電気がなくては道具もなかなか作れないのである．電気エネルギーなしには普段あたり前の生活は維持できない．電気エネルギーのありがたさを再認識し，われわれはすべてにおいて省エネルギーを心がけ，電気を大切に使わなくてはいけないのである．

　なお，本書を執筆するきっかけは筆者の勤務する大学で「電気機械デザイン」という講義を新設し，担当することにあった．学部学生に，直接，設計を教えるという講義内容も考えてみた．しかし，セメスターの講義では広範な応用の広がる電気機械の設計について，すべてをカバーすることはできない．そこで，その根底に共通している電気エネルギーの利用についての基礎を取り上げることにしたのである．

　なお，執筆にあたり，編集者として筆者を叱咤激励するばかりでなく，資格試験との対応等の助言をいただいた森北出版の塚田真弓さんには感謝を申し上げる．

　本書の冒頭で，電気エネルギーを直接利用することは少ない，と書いたが，実は筆者は最近，腰を悪くして，整形外科に通っている．そこで電極を体に取り付け微弱電流を流してマッサージするリハビリを受けている．電気エネルギーを直接利用する実例を体験してしまったのである．読者の方々も何らの形で電気エネルギーのありがたさを体験しているはずである．ただし，腰は悪くしないほうがいいと思うが．

2015年3月

著　者

章末問題の解答と出典

問題	出典	解答
1.1	第一種電気工事士　筆記試験　平成 23 年度　問題 1．問 6	ロ
1.2	第一種電気工事士　筆記試験　平成 18 年度　問題 1．問 9	ロ
1.3	第三種電気主任技術者　平成 21 年度　電力科目　問 5	5
1.4(1)	エネルギー管理士（電気分野）　平成 22 年度　課目 I　問題 2(1)	1-シ，2-イ，3-キ，4-ケ
1.4(2)	エネルギー管理士（電気分野）　平成 22 年度　課目 I　問題 2(4)	5-ウ，6-カ
1.4(3)	エネルギー管理士（電気分野）　平成 19 年度　課目 I　問題 2(4)	7-キ，8-イ
1.5	技術士第二次試験　電気電子部門　電気応用課目　平成 19 年　I-2-3	略
2.1	第一種電気工事士　筆記試験　平成 15 年度　問題 1．問 20	ニ
2.2	第一種電気工事士　筆記試験　平成 22 年度　問題 1．問 16	ロ
2.3	第一種電気工事士　筆記試験　平成 20 年度　問題 1．問 16	イ
2.4	第三種電気主任技術者　平成 22 年度　電力科目　問 5	2
2.5	第三種電気主任技術者　平成 21 年度　電力科目　問 4	2
2.6	第三種電気主任技術者　平成 24 年度　電力科目　問 2	3
2.7	第三種電気主任技術者　平成 21 年度　電力科目　問 1	2
2.8	技術士第二次試験　電気電子部門　発送配変電科目　平成 21 年　I-1-4	略
2.9	技術士第二次試験　電気電子部門　発送配変電科目　平成 20 年　I-2-2	略
2.10	エネルギー管理士（電気分野）　平成 12 年度　課目 I　問題 2(2)	1-カ，2-ク，3-シ，4-ウ，5-コ
3.1	第一種電気工事士　筆記試験　平成 16 年度　問題 1．問 17	イ
3.2	第一種電気工事士　筆記試験　平成 22 年度　問題 1．問 11	ロ
3.3	第三種電気主任技術者　平成 22 年度　機械科目　問 11	3
3.4	第三種電気主任技術者　平成 25 年度　機械科目　問 10	5
3.5	技術士第二次試験　電気電子部門　電気応用科目　平成 21 年　I-1-1	略
3.6	技術士第二次試験　電気電子部門　電気応用科目　平成 19 年　I-1-1	略
3.7	技術士第二次試験　電気電子部門　電気応用科目　平成 20 年　I-1-4	略
3.8	技術士第二次試験　電気電子部門　電気応用科目　平成 20 年　I-2-3	略
3.9	エネルギー管理士（電気分野）　平成 21 年度　課目 IV　問題 11(2)	1-シ，2-キ，3-セ，4-オ，5-イ
4.1	第一種電気工事士　筆記試験　平成 22 年度　問題 1．問 13	ハ
4.2	第三種電気主任技術者　平成 21 年度　機械科目　問 6	1
4.3	第三種電気主任技術者　平成 21 年度　機械科目　問 10	1
4.4	技術士第二次試験　電気電子部門　電気応用科目　平成 22 年　I-1-5	略
4.5	技術士第二次試験　電気電子部門　電気応用科目　平成 23 年　I-2-3	略

問題	出典	解答
4.6	第二種電気主任技術者一次試験　機械科目　平成23年度　問1	1. ホ, 2. ヌ, 3. ト, 4. ワ, 5. ヨ
4.7	エネルギー管理士（電気分野）　平成21年度　課目IV　問題11(1)	1-チ, 2-タ, 3-エ, 4-オ, 5-ケ, 6-カ, 7-ソ, 8-シ
5.1	第一種電気工事士　筆記試験　平成23年度　問題1.　問12	ロ
5.2	第三種電気主任技術者　平成21年度　機械科目　問12	2
5.3	第三種電気主任技術者　平成25年度　機械科目　問12	2
5.4	第二種電気主任技術者一次試験　機械科目　平成22年度　問7	1-ヘ, 2-イ, 3-ト, 4-カ, 5-ヌ
5.5	技術士第二次試験　電気電子部門　電気応用科目　平成20年　I-1-2	略
5.6	技術士第二次試験　電気電子部門　電気応用科目　平成25年　II-1-3	略
6.1	第一種電気工事士　筆記試験　平成23年度　問題1.　問10	イ
6.2	第一種電気工事士　筆記試験　平成21年度　問題1.　問12	ロ
6.3	第三種電気主任技術者　平成24年度　機械科目　問12	3
6.4	第三種電気主任技術者　平成25年度　機械科目　問17	(a) 2, (b) 3
6.5	技術士第二次試験　電気電子部門　電気応用科目　平成21年　I-1-5	略
6.6	技術士第二次試験　電気電子部門　電気応用科目　平成22年　I-1-2	略
6.7	エネルギー管理士（電気分野）　平成21年度　課目IV　問題13(2)	1-コ, 2-サ, 3-タ, 4-セ, 5-ア, 6-キ, 7-ケ, 8-オ, 9-ス, 10-ツ
6.8	第二種電気主任技術者　平成22年度　機械科目　問4	1-ヲ, 2-ロ, 3-ハ, 4-カ, 5-イ
6.9	第三種電気主任技術者　平成22年度　機械科目　問12	3
6.10	エネルギー管理士（電気分野）　平成23年度　課目IV　問題13(1)	1-ク, 2-キ, 3-セ, 4-ア, 5-シ
7.1	第一種電気工事士　筆記試験　平成20年度　問題1.　問13	ロ
7.2	第一種電気工事士　筆記試験　平成16年度　問題1.　問19	イ
7.3	第一種電気工事士　筆記試験　平成24年度　問題1.　問11	ニ
7.4	第一種電気工事士　筆記試験　平成24年度　問題1.　問10	ロ
7.5	第三種電気主任技術者　平成25年度　機械科目　問11	4
7.6	第三種電気主任技術者　平成22年度　機械科目　問17	(a) 2, (b) 1
7.7	第三種電気主任技術者　平成24年度　機械科目　問17	(a) 4, (b) 2
7.8	第三種電気主任技術者　平成23年度　機械科目　問11	4

問題	出典	解答
7.9	第三種電気主任技術者　平成 21 年度　機械科目　問 11	3
7.10	技術士第二次試験　電気電子部門　電気応用科目　平成 20 年　I–1–3	略
7.11	技術士第二次試験　電気電子部門　電気応用科目　平成 19 年　I–1–3	略
7.12	技術士第二次試験　電気電子部門　電気応用科目　平成 22 年　I–2–1	略
7.13	第二種電気主任技術者一次試験　機械科目　平成 25 年度　問 7	1–カ, 2–チ, 3–ル, 4–ヌ, 5–ハ
8.1	第一種電気工事士　筆記試験　平成 20 年度　問題 1. 問 19	ニ
8.2	第三種電気主任技術者　平成 21 年度　機械科目　問 17	(a) 3, (b) 4
8.3	第三種電気主任技術者　平成 23 年度　機械科目　問 12	5
8.4	エネルギー管理士（電気分野）　平成 24 年度　課目 IV　問題 16(1)	1–エ, 2–ク, 3–サ, 4–ソ, 5–ウ, 6–シ
8.5	エネルギー管理士（電気分野）　平成 15 年度　課目 IV　問題 16	1–オ, 2–カ, 3–サ, 4–コ, 5–イ, 6–シ, 7–ス, 8–セ, 9–キ, 10–ウ, 11–シ, 12–ケ, 13–ク, 14–ウ, 15–オ
9.1	第一種電気工事士　筆記試験　平成 21 年度　問題 1. 問 1	ロ
9.2	第一種電気工事士　筆記試験　平成 23 年度　問題 1. 問 1	ハ
9.3	第三種電気主任技術者　理論科目　平成 25 年　問 1	1
9.4	第三種電気主任技術者　平成 21 年度　理論科目　問 2	3
9.5	第三種電気主任技術者　平成 24 年度　理論科目　問 2	4
9.6	第二種電気主任技術者　平成 24 年度　機械科目　問 4	1–ワ, 2–ル, 3–ト, 4–ホ, 5–ハ
9.7	技術士第一次試験（機械部門）平成 17 年度　専門科目　IV–31	4
10.1	第一種電気工事士　筆記試験　平成 23 年度　問題 1. 問 16	イ
10.2	第一種電気工事士　筆記試験　平成 15 年度　問題 1. 問 22	イ
10.3	エネルギー管理士（電気分野）　平成 25 年度　課目 IV　問題 11(2)	1–チ, 2–セ, 3–サ, 4–ケ, 5–オ, 6–ク, 7–ス, 8–ア, 9–エ
10.4	エネルギー管理士（電気分野）　平成 20 年度　課目 IV　問題 11(2)	1–ケ, 2–オ, 3–エ, 4–ア, 5–ウ

問題	出典	解答
10.5	エネルギー管理士（電気分野）　平成 24 年度　課目 IV　問題 12(1), (2)	(1) 1-イ, 2-オ, 3-カ, 4-ク, 5-ケ, 6-サ, 7-コ (2) 8-エ, 9-ア, 10-カ, 11-キ, 12-オ
11.1	第一種電気工事士　筆記試験　平成 23 年度　問題 1. 問 17	ニ
11.2	第一種電気工事士　筆記試験　平成 21 年度　問題 1. 問 18	ハ
11.3	第一種電気工事士　筆記試験　平成 20 年度　問題 1. 問 18	ニ
11.4	第一種電気工事士　筆記試験　平成 22 年度　問題 1. 問 12	ロ
11.5	第三種電気主任技術者　平成 22 年度　電力科目　問 5	2
11.6	第三種電気主任技術者　平成 23 年度　電力科目　問 5	1
11.7	第三種電気主任技術者　平成 24 年度　電力科目　問 5	2
11.8	第三種電気主任技術者　平成 25 年度　電力科目　問 5	2

さくいん

【記号・欧数字】

2乗トルク特性	23
ACリンク方式	184
BEMS	196
COP	103, 125, 132
DCリンク方式	184, 186
EMC	89
HEMS	195
HIDランプ	115
IHクッキングヒーター	91
IPP	180
ISM周波数	93
LED	112, 116
MPPT制御	178, 179
NAS電池	192
N–T 曲線	24
OCV	188
p–h 線図	123
PI制御	50
P–Q 線図	163
SOC	73
UPS	193
V/f 一定	44
V/f 一定制御	45
VVVF制御	46
Y–Δ始動	27

【あ行】

アーク加熱	87, 99
アーク放電	87
アーク溶接	99
圧縮機	124, 160
圧電素子	171
アノードスライム	69
イオン	63
イオン化傾向	63, 64
一次電池	71
位置制御	48
色温度	112
インバータ	13, 46, 47
インピーダンス整合	94
渦電流	33, 88, 89, 91
エアコン	24, 131
永久磁石直流モーター	41
エコキュート	135
エネルギー変換	3, 13, 156, 175
演色性	111
エンジン	1, 4, 132, 147, 160
遠心式圧縮機	135
遠心式送風機	159, 160
遠心ポンプ	156
遠赤外線	96
エンタルピー	188
横断流送風機	163
応答性	50, 84
オゾナイザー	148
オゾン	148
オゾン破壊係数	135

【か行】

回生	31, 55, 74, 105
回生制動	32
カーエアコン	131
かご形誘導発電機	185
かご形誘導モーター	27, 29
可視光線	96, 106
ガスエンジン	125
過熱蒸気	123
可変速風車	184
過冷却液	123
還元	63, 67, 73, 193
慣性負荷	23
慣性モーメント	21, 31
間接抵抗加熱	83
輝度	108

逆相制動	31	軸流ポンプ	157
逆潮流	191	仕事率	20, 182
逆変換	14	仕事量	2
吸収冷凍機	125	シーズヒーター	97
凝縮器	124, 132	室外機	129
金属抵抗発熱体	97	室内機	129
空気圧シリンダ	165	室内ユニット	129
空気圧モーター	165	始動時間	26
空気清浄機	144	始動電流	27, 46, 185
空気調和設備	128	始動方式	27
空調負荷	130	湿り蒸気	123
クラッチ	33, 36, 133	斜板式	167
クーリングタワー	126	臭化リチウム	127
クロスフローファン	163	充電	72
クーロンの法則	142	充電率	73
クーロン力	142, 143	自由電子	142
蛍光灯	14, 112, 113	重力負荷	22
系統連系	191	ジュール熱	82
原動機	4, 16	順変換	15
顕熱	80	蒸気圧縮冷凍機	125
高圧水銀ランプ	115	蒸気機関	1, 4, 16
光束	107	照度	108
光度	108	蒸発器	124
交流アーク	88	シロッコファン	159
枯渇性エネルギー	4	浸透深さ	89
コジェネレーション	189	心理物理量	107
コピー機	145	水車	4, 10
コロナ放電	145, 149	水平面照度	110
コンデンサ	49, 124, 140, 141	スクリュー	127
コンデンサマイクロフォン	146	スクロール	127, 134
コンドルファ始動	28	スパークプラグ	147
コンプレッサ	124, 131, 132	すべり周波数	52, 186
【さ行】		スポット溶接	99
		スマートグリッド	194
サイクル制御方式	84	成績係数	125, 132
サイクロン方式	143	赤外線	96
再生可能エネルギー	4, 195	赤外電球	97
サイリスタ	43, 84	絶対湿度	131
サーボ	47	セパレーター	151
酸化	63, 193	セラミック抵抗発熱体	97
磁界	2, 88, 142	全電圧始動	27
軸継手	34	潜熱	80
軸流式送風機	161	相対湿度	131

速度制御	30, 48	電気防食	75
損失係数	93	電極電位	64
		天空光	106

【た行】

		電子	63, 73, 116, 140
太陽光発電	13	電子銃	150
太陽電池	175	電磁障害	89
太陽電池アレイ	177	電子線	151
ダクト	128	電磁調理器	91
タービン	4, 9	電子ビーム加工	150
ターボ圧縮機	160	電磁誘導	9
ターボ送風機	159	電子レンジ	93
ターボチャージャー	160	電流制御	49, 117
多翼送風機	159	塗装	145
タンジェンシャルファン	163	トルク	21, 42
単相制動	32	トルク定数	43
地球温暖化係数	135	トルク特性	22

【な行】

蓄電池	72, 193		
地物反射光	106	内燃機関	16, 156
超音波カッター	170	鉛電池	72
超音波モーター	170	二次電池	72
超音波溶接機	170	二重給電誘導発電機	186
調光	106	二次冷媒	127
直射日光	106	濡れ性	149
直接抵抗加熱	85	熱機械	16
直接膨張冷凍機	126	熱源	1
直流アーク	88	熱伝達	79
チョッパ	43	熱伝導	79
チラー	127	熱電併給システム	189
通電加熱	85	熱負荷	130
伝熱	79	熱放射	79
抵抗加熱	82, 99	熱容量	31, 78
抵抗溶接	99	熱量	2, 78, 125, 130
定出力特性	23	粘性負荷	23
定速型風車	183	燃料電池	13, 70, 187
定トルク特性	22		

【は行】

電解	66		
電解加工	70	配光	112
電解質	188	灰溶融炉	85
電解精錬	68	吐出し量	158
電解浴	69	白熱灯	112
電気自動車	24, 73, 133, 195	歯車	34, 35
電気集塵機	143	はずみ車効果	22
電気制動	31		

パッケージエアコン	131
発電	3
発電機	3, 9, 31, 183
発電制動	31
発熱体	83
羽根車	159
ハーメチックモーター	132
ハロゲンランプ	113
パワーエレクトロニクス	13, 41
パワーコンディショナー	177
ピエゾ素子	147
比エンタルピー	123
比視感度	109
ヒートポンプ	125
比熱	79
火花放電	144, 147
表皮効果	89
表面改質	149
ファラデーの法則	66
ファン	159
ファンコイル	129
フィラメント	112
風車	16, 182
負性抵抗	88, 99, 114
部分放電	144
ブライン	127
プラズマトーチ	88
プランク定数	110
プーリー	35
フリッカ	84
ブレーキ	31, 32
プレス機	168
プレートファン	159
プロジェクション溶接	99
ブロワ	159
フロン	135
分子振動	97
粉体塗装	145
ベルト	35
ボイラー	9
膨張弁	124
放電	72
放電加工	149
ボード線図	51
ボルタ電池	64
ボールねじ	55

【ま行】

マイクログリッド	194
マイクロ波加熱	94
マイクロフォン	146
巻線形誘導発電機	185
巻線形誘導モーター	29
マグネトロン	95
マンガン電池	72
迷走電流	75
メガソーラー	180
めっき	64, 66
モリエル線図	123

【や行】

山登り法	179
油圧シリンダ	165
油圧モーター	165
誘電加熱	92
誘電体	92
誘電体バリア放電	148
誘導起電力	44
誘導モーター	27, 46, 132
揚水	157
揚水発電所	192
容積式圧縮機	134, 164
容積式送風機	164
揚程	158
溶融	85
溶融塩	66
弱め磁束制御	46

【ら行】

ラジアル圧縮機	160
ラジアル送風機	159
リアクトル始動	28
立体角	107
リフロー設備	86
流体機械	16
ルーツブロワ	164

るつぼ	90
ルミネセンス	112
ルームエアコン	129, 131
冷凍トン	125
冷凍能力	125
冷媒	123
レーザー	96
レーザープリンター	145
レシプロ	134, 165
レドックスフロー電池	193
ロータリーコンプレッサ	132
ローレンツ力	142

【わ行】

ワイヤ放電加工	150

著 者 略 歴
森本 雅之（もりもと・まさゆき）
　1975 年　　慶應義塾大学工学部電気工学科卒業
　1977 年　　慶應義塾大学大学院修士課程修了
　1977 年〜2005 年　三菱重工業(株)勤務
　1990 年　　工学博士（慶應義塾大学）
　1994 年〜2004 年　名古屋工業大学非常勤講師
　2005 年〜2018 年　東海大学教授
　現在　　　モリモトラボ代表

編集担当　塚田真弓(森北出版)
編集責任　富井　晃(森北出版)
組　　版　ウルス
印　　刷　ワコープラネット
製　　本　ブックアート

電気エネルギー応用工学　　　　　　　　　　　Ⓒ 森本雅之　2015
2015 年 4 月 30 日　第 1 版第 1 刷発行　　【本書の無断転載を禁ず】
2022 年 8 月 8 日　第 1 版第 2 刷発行

著　者　森本雅之
発行者　森北博巳
発行所　森北出版株式会社
　　　　東京都千代田区富士見 1-4-11（〒102-0071）
　　　　電話 03-3265-8341／FAX 03-3264-8709
　　　　https://www.morikita.co.jp/
　　　　日本書籍出版協会・自然科学書協会　会員
　　　　JCOPY ＜(一社)出版者著作権管理機構　委託出版物＞

落丁・乱丁本はお取替えいたします.
Printed in Japan／ISBN978-4-627-77531-2